Dem Herz zu folgen ist nichts für Feiglinge

Michael Schwarzkopf

Dieses Buch widme ich meinen Söhnen Robin und Gero.
Mögen sie immer den Mut aufbringen
auf ihr Herz zu hören.

Herausgeber:
Michael Schwarzkopf Verlag, Knapendorfer Weg 45, 06217 Merseburg

Autor: Michael Schwarzkopf, Michael-Schwarzkopf.com

Textüberarbeitung und Lektorat: Bastian Steinbacher, BuchSchreiberei.de
Umschlaggestaltung: Claudio Hirschberger, breberg.de
Satz: chaela, www.chaela.de

Fotografie Rückseite: Martin Freitag, mfreitag.com

Bildnachweise: macrovector, Olga_spb, starline,
rawpixel.com, freepik.com

ISBN 978-3-00-064181-7 (Buch)
ISBN 978-3-00-064182-4 (E-Book)

Kontakt unter www.michael-schwarzkopf.com
E-Mail: info@michael-schwarzkopf.com

DEM HERZ
ZU FOLGEN
IST NICHTS
FÜR FEIGLINGE

Inhaltsverzeichnis

Vorwort

Welche Wege wir im Leben auch gehen, am Ende wollen wir alle nur eins: Glücklich sein. Es ist völlig egal, was du tagtäglich tust, du solltest nur dein Glück darin finden.

Aber warum tust du dann nicht, was dich glücklich macht? Diese und viele weitere offene Fragen gaben mir die Inspiration, mich auf den Weg zu machen und zu erforschen, wie man seine wahre Bestimmung und Seelenaufgabe finden kann, um das versprochene Glück, den echten Erfolg zu spüren.

Möge dieses Buch dir dabei helfen, dich auf den »richtigen« Weg zu machen, dein ganz persönliches Glück zu finden.

Jede einzelne Komponente in diesem Buch wird dir helfen, Klarheit darüber zu erlangen, was du wirklich willst im Leben, und wie du deine Bestimmung, deine wahre Berufung und die dir zugeteilte Lebensaufgabe finden kannst.

Du hältst die Darstellung meiner persönlichen Entdeckungsreise auf der Suche nach Sinn und Erfüllung in deinen Händen, hinein in eine neue, unabhängige Zukunft voller unglaublicher Erlebnisse. Auch du befindest dich auf einer Reise, anderenfalls hättest du das Buch nicht aufgeschlagen. Und auf dieser Reise werden Ängste, Zweifel und Sorgen dein ständiger Begleiter sein und dich daran hindern wollen, dein Ziel zu erreichen. Glaubenssätze, die dich sabotieren, Blockaden aus deiner Kindheit, und alte Denkmuster werden deinen Weg blockieren und versuchen, dich immer wieder zum Stillstand zu zwingen.

Mit diesem Buch möchte ich dich darauf vorbereiten und über die Erfahrungen berichten, die nötig waren, um dem Ruf meines Herzens zu folgen und mich überhaupt auf den Weg zu machen. In diesem Prozess musste ich wahrhaftig zur Be-SINN-ung kommen. Den Ruf des Herzens wahrzunehmen ist spannend, ihm aber zu folgen erfordert Mut, Zuversicht und weitere Eigenschaften, geplante Vorgehensweisen und Methoden, die ich in diesem Buch konkret beschreiben werde.

Ich zeige dir, wie du mit Sicherheit in acht einfachen Schritten deine wahre Bestimmung und Seelenaufgabe findest und absolute Klarheit über deinen weiteren Lebensweg erlangst. Körper und Geist sowie das Bewusstsein, das Leben als Wunder zu begreifen, gilt es in Einklang zu bringen. Ziel ist es, all die unglaublich wundervollen Zusammenhänge des Universums zu verstehen und für deine einzigartige Persönlichkeit zu nutzen.

Sei kein Feigling, folge deinem Herzen.

Kapitel 1
Komm' zur Be-SINN-ung!

Wieder 3:59 Uhr.

Immer gegen vier Uhr. Seit neun Wochen, jede zweite, manchmal sogar jede einzelne Nacht. Mal nass, mal kalt, mal warm – meine Nächte wurden immer wieder unterbrochen. Zweifel plagten mich, Gedanken, die mich teilweise aufstehen ließen. Ich ging in die Küche, schritt umher, dachte nach, legte mich wieder hin, schlief dann entweder weiter oder blieb direkt wach, weil der Wecker um 06:30 Uhr klingelte.

Es waren immer die gleichen Fragen: Lebe ich überhaupt ein »echtes« Leben? Folge ich meiner wahren Bestimmung? Gibt es sowas wie »Bestimmung« überhaupt? Was wäre, wenn ich morgen früh einen Herzinfarkt erleiden würde – könnte ich dann mit Fug und Recht behaupten, das Leben meiner Träume gelebt zu haben? Wahrscheinlich waren es die vom Unterbewusstsein geschickten Antworten, die mich haben unruhig werden lassen. Tief in mir drin wusste ich, dass mein gut bezahlter Managerposten nicht das war, was meinem wahren Wesen entsprach. Ich war nicht glücklich und wollte wieder dieses angenehme Gefühl von Freiheit und Unabhängigkeit spüren.

Diese Erkenntnis war der Startschuss für eine Reihe von Maßnahmen, die ich ergriffen habe, um heute an einem anderen Punkt zu sein. Ich bin sprichwörtlich zur Be-SINN-ung gekommen, habe mit der Acht-Schritte-Expertenformel meinen ganz persönlichen Zweck der Existenz gefunden. Niemand diktiert mir mehr meinen

Zeitplan, ich arbeite nur noch mit Menschen, die mir guttun. Wie ist es bei dir?

Freust du dich auf jeden neuen Tag, der dir weitere Stunden wertvoller Lebenszeit und Möglichkeiten schenken wird, diese Welt zu bereichern?

Seltsam eintönig sind die Antworten auf die Frage nach den Wünschen, Zielen und Träumen, wenn ich mit Freunden oder Bekannten darüber spreche. Häufig höre ich dann antworten wie: »Ach, naja, es muss… Ich kämpfe mich durch… später in Rente, da wird gelebt und genossen! Später vielleicht…« Ich habe dann sofort nur diesen einen Gedanken: »What the f…?« Bei mir schrillen dann alle Alarmglocken, denn so äußert sich nur jemand, der tief im Inneren bereits resigniert hat. Wo sind sie hin, die Träume und Wünsche? Die Ideale der Jugend, die großen Ziele? Verblasst im alltäglichen Trott? Verloren gegangen im Einheitsbrei der durchschnittlichen grauen Masse? Nur nicht auffallen, immer schön mit dem Strom schwimmen und ja ohne Risiko auf Sicherheit spielen. Das perfekte Schauspiel nach außen aufrechterhalten, die Maske täglich neu aufsetzen.

Anstrengend, oder? Schluss damit, jetzt reicht es mit diesem Trauerspiel.

Ich werde dich auf diesem Weg zu deinem Leben begleiten, das sich ECHT anfühlt. Mein ZDE - also »Zweck der Existenz« ist, Menschen dabei zu helfen, ihr volles Potenzial zu entfalten, die Komfortzone zu durchbrechen und Klarheit über den weiteren Lebensweg zu erlangen. Ich bin absolut überzeugt davon, dass dieses Gefühl von Unwohlsein immer auf ein tieferliegendes Problem hindeutet. Hand aufs Herz: Gehst du der Berufung nach, die für dein Leben vorgesehen ist, mit der du dich glücklich fühlst, und in der du zu 100 Prozent aufgehst? Falls nicht, ist das kein Grund zur Sorge. Du solltest dich nicht grämen, dass du womöglich einige Jahre »vergeudet« hast. Sieh es als Geschenk, dass du dieses Buch gefunden, aufgenommen und aufgeschlagen hast, das war das Beste, was dir jetzt hätte passieren können! Ich werde dir dabei helfen, absolute Klarheit über deinen weiteren Lebensweg zu erlangen, du wirst längst verschüttete Träume wiederentdecken und deine inneren Kräfte mobilisieren. Fühl' dich eingeladen auf eine wundervolle Reise. Ziel dieses Weges bist du selbst, deine wahre Berufung, dem Ruf deines Herzens zu verstehen und ihm zu folgen. Erkenne, wer du wirklich bist, und wie du es schaffen kannst, dein Leben leidenschaftlich und in vollen Zügen zu genießen.

Mein Name ist Michael Schwarzkopf und ich habe diese ganzen »Ups & Downs« in meiner Gefühlswelt selbst schmerzhaft durchlitten. In meiner beruflichen Lage hatte ich, so wirkte es von außen, alles, was ich mir vorstellen konnte. In mir drin aber spielte meine »Seele« nicht (mehr) mit. Mit fortschreitender Dauer merkte ich, dass ich tagein tagaus in einem sich immer schneller drehenden Hamsterrad gefangen war. Jeder Tag war ein erbitterter Kampf zwischen Herz und Verstand, den mein Herz letztendlich gewonnen hat, glücklicherweise. Ich kenne diese nagenden Ängste und Zweifel genau. Dieser schwebende Zustand, der die Sinne und die Wahrnehmung lähmt, die nötig ist, um dein vorhandenes Potential voll zu entwickeln und dem Ruf deines Herzens zu folgen. Je älter ich werde, umso mehr schätze ich die Natur, begreife die großen Zusammenhänge des Universums, nicht zuletzt, weil ich mittlerweile selbst Vater geworden bin und Kinder habe, die mein Leben in eine andere Perspektive rücken.

Über viele Stationen persönlicher Weiterentwicklung, einige Ausbildungen, Berufe, Mentoren, Coaches, teure Lehrer habe ich den Ausstieg aus dem Hamsterrad geschafft, mit acht ganz speziellen Schritten, und meine Berufung zu meinem Beruf gemacht. Heute tue ich das, was ich wirklich liebe; Schluss mit dem Kampf in meinem Inneren, mit dem grauenhaften Montagmorgen, mit den faulen Kompromissen. Ich führe das Leben meiner Träume und habe erkannt, dass ich meinen Teil dazu beitragen kann, diese Welt zu einem besseren Ort zu machen, indem ich Menschen sanft und behutsam durch das Nadelöhr ihrer Zweifel und Ängste begleite, und sie darin bestärke, ihrer echten Herzensleidenschaft zu folgen, von der sie auch existenziell gut leben können. Darin sehe ich meine Vision: Mindestens 100.000 Menschen dabei zu begleiten, ihre wahre Bestimmung zu finden und ihr volles Potenzial zu entfalten.

Du sollst Klarheit über deinen Zweck der Existenz erlangen, mit Hilfe der einfühlsamen Methoden, Anleitungen, Tools und Techniken, die ich in den letzten Jahren kennen lernen durfte. Und du wirst unglaubliches, für dich neues Wissen erfahren und über manche Dinge einfach nur staunen. Ich werde dir Praktiken aufzeigen, die dein Leben komplett verändern werden und du wirst dich wundern, über die faszinierenden Möglichkeiten, die ich dir darlege. Dieses Buch ist nur der Anfang einer Reise, die dein Leben transformieren kann.

Sei offen für Neues und neugierig auf das größte Abenteuer deines Lebens! Bist du bereit? Hast du Lust auf dein »neues« LEBEN? Vielleicht kennst du das gar nicht mehr, dieses energiegeladene Aufstehen, das regelrechte aus-dem-Bett-springen, die innere Motivation, die dich antreibt, dich in deinem Innersten packt und berührt, so, als wärst du noch einmal Kind, und dürftest den ganzen Tag genau das Spiel spielen, das dich damals stundenlang die Zeit hat vergessen lassen.

Das Buch nur zu lesen, wird dir nichts bringen; du musst anpacken, mitmachen, forschen und umsetzen. Bei allen Schritten bekommst du Hilfe und Anleitung von mir. Kann ich dir Glück und Erfolg wirklich versprechen? Es klingt immer so einfach: Das Universum »anzapfen«, sich etwas wünschen. Mittlerweile haben viele Experten den Markt betreten, auch solche, die dich vielleicht verunsichern, Zweifel säen oder Ängste schüren.

Lass mich dein Sparringspartner für die kommende Zeit sein, dein verständnisvoller Mentor, der dir hilft, deinen Kompass neu auszurichten. Lass mich dir die richtigen Türen zeigen, durch die du gehen solltest, um nicht nur einen kleinen Schritt vorwärts, sondern direkt an dein ganz persönliches Ziel zu kommen.

Folge deinem Herzen, damit du endlich das kraftvolle Gefühl spürst, nach dem du dich unterbewusst seit Jahren sehnst. Ich weiß, welche Erlösung die neue Perspektive für dich bedeutet. Dieses Buch gibt dir das, was du dafür brauchst.

Wenn du es jetzt nicht machst, dann wirst du es niemals tun. Sei nicht derjenige, der auf dem Sterbebett bereut, heute nicht begonnen zu haben.

Gehen wir's an!

Dein

Michael Schwarzkopf

Kapitel 2
Finde deine Bestimmung

Für die meisten Menschen ist Erfolg etwas, was man sehen und anfassen kann. Die Position im Unternehmen, der erworbene Titel an der Universität, ein bestimmtes Gehalt, das Zweithaus in einer wärmeren Region oder das große Auto, das dem Nachbarn ein Staunen ins Gesicht bringen soll. An all diesen Dingen kann Erfolg abgeleitet werden, so ist es in der westlichen Zivilbevölkerung verankert.

Ich hingegen sehe das anders.

Materielle Spielzeuge sind nichts Schlechtes, sie machen Spaß! Ich glaube jedoch nicht, dass sie dazu taugen, Lebensziele und Erfüllung zu definieren. Würde mir heute jemand die Pistole auf die Brust setzen und mich fragen, was mein Rezept für ein erfolgreiches Leben wäre, so würde ich ihm antworten: »Mach dein Ding in dieser Welt! Lebe deine Urpersönlichkeit! Finde deine Potenziale, entfalte dich! Mache das, wofür du auf diesen Planeten geschickt wurdest! Finde deine Bestimmung, und lebe sie aus!«

Das Lustige ist, dass, wenn man sich diesen Rat zu Herzen nimmt, das Geld meist auf dem Fuße folgt. Nicht automatisch, und nicht, ohne dass man sich Gedanken über eine entsprechende Vermarktung machen müsste, aber im Prinzip ist es so, dass nicht das »Geld verdienen« im Vordergrund stehen sollte, sondern die Frage: »Was ist es, was du dein ganzes Leben lang gerne machen wollen würdest, wenn du wüsstest, dass Geld keine Rolle spielte?«

Die meisten Menschen zerreißen sich in zwei Hälften; auf der einen Seite sind sie das »Arbeitstier«, auf der anderen Seite der »Freizeitmensch«.

Ersteres muss tun, was eben getan werden muss, um Geld für die Miete und das Essen zu beschaffen. Dann erst, nach Feierabend, kommt das wahre Vergnügen, dann erst kann sich das »wahre Ich« entfalten. Mit diesem Buch möchte ich dich dazu ermutigen, die Reihenfolge andersherum zu denken.

Von Mark Twain ist dieser Satz überliefert worden: »Zwei Tage sind die Wichtigsten im Leben eines Menschen; der erste, das ist der Tag der Geburt. Und der Zweite, das ist der Tag, an dem du herausfindest, warum du geboren wurdest!«

Die Grundannahme hinter dem Finden seiner eigenen Bestimmung ist, dass jeder Mensch auf dieser Welt absolut einzigartig ist und etwas zu geben hat. Es gibt niemanden, der so aussieht wie du, der so lacht wie du, der so spricht wie du, der sich so bewegt wie du, und der so strahlt wie du. So, wie du in deiner äußeren Erscheinungsform absolut einzigartig bist, bist du es auch im tiefsten Kern deines Wesens. Wir alle tragen ein Konglomerat an Werten, Träumen, Vorlieben, Sehnsüchten, Talenten und Potenzialen in uns. Ein Zusammenschluss, der schlummert, und nur darauf wartet, aktiviert zu werden. Sobald du den Knopf drückst, spürst du, dass dein Leben dir etwas zurückgibt: Ein hohes Maß an Antrieb, Lebensfreude, Kraft und Intensität. Wenn du Leute beobachtest, die mit einem breiten Lächeln im Gesicht von einem Gipfelsieg zum nächsten jagen, sind das Menschen, die in absoluter Kongruenz mit ihrem tiefsten inneren Kern leben. Die äußere Hülle und der innere Kern sind zu einer homogenen Einheit verschmolzen. Das ist, was ich für dich will, das ist unser Ziel!

Ziele

Erfolgreiche Menschen sind nicht nur in gewisser Weise hungrig, sondern auch klar darüber, dass sie Ziele brauchen, von denen sie sich angetrieben fühlen, ohne, dass externe Motivation nötig wäre. Jede einzelne Faser ihres Wesens unterstützt diesen selbstgewählten Weg, sie sind in gewisser Weise beseelt von dem Verlangen, dieses Ziel zu erreichen.

Das Leben in Übereinstimmung mit dir selbst ist die Hauptzutat für Erfolg im Leben. Und wenn ich von »echtem Erfolg« spreche, meine ich nicht den Schein und Glanz im Außen, sondern den Erfolg, der sich auch genauso anfühlt.

Der Grund dafür ist simpel: Die Werbung spielt uns vor, es gebe ein Patentrezept, das wir jedem Menschen überstülpen können; wir brauchen einen durchtrainierten Körper, eine Luxusuhr, eine große Villa, einen beeindruckenden Urlaub... und schon fühlen wir uns erfolgreich!

So einfach ist das aber nicht. Menschen, die das alles erreicht haben, berichten häufig davon, dass sie sich materieller Annehmlichkeiten immer noch so fühlen, als wären sie noch nicht wirklich bei sich selbst »angekommen«.

Erfolg ist nicht absolut, sondern relativ, und für jeden Menschen ein bisschen anders. Für den einen bedeutet es sportlichen Triumph, für den anderen die dicke Brieftasche, für einen wiederum anderen drückt sich Erfolg darin aus, dass die Familie zusammenhält oder man sich regelmäßig mit Freunden über tiefsinnige Dinge unterhalten kann.

Weil sich so wenig Menschen damit beschäftigt haben, wie sie ihren eigenen Erfolg definieren würden, nehmen sie einfach das Bild, was ihnen durch die Medien vorgegaukelt wird, mit all den Erfolgs- und Statussymbolen, die angeblich so attraktiv sind. Auf diese Weise passiert es, dass sich manche Menschen 20 oder 30 Jahre lang abstrampeln und verausgaben, ihre Ehepartner oder gar ihre eigenen Kinder vernachlässigen, nur um an materielle Endpunkte zu gelangen.

Dort stellen sie dann fest, dass diese Äußerlichkeiten nicht das gehalten haben, was sie versprachen. Es gibt dann dieses diffuse Gefühl von: »Irgendwie kann das doch noch nicht alles gewesen sein…«, was wiederum das beste Anzeichen dafür ist, dass du nicht aus vollem Herzen, sondern nur für eine Illusion gearbeitet hast.

Frage dich, ob du weiterhin jeden Morgen das Murmeltier grüßen möchtest, um danach ins »Hamsterrad« zu steigen, und dich für andere Menschen abzustrampeln.

Die Frage der Fragen

Erfolg bedeutet für mich, mit dem Herzen dabei zu sein und zu lieben, was man tut. Stell dir die Frage in deiner jetzigen Tätigkeit: Liebst du, was du tust? Magst du deine Tätigkeit so sehr, dass du morgen im Lotto gewinnen und finanziell ausgesorgt haben könntest, und trotzdem weiter jeden Morgen freudestrahlend zur Arbeit gehen würdest?

Vielleicht kannst du dich auch besser hineinversetzen in die Situation, in der dir dein Arzt eröffnen würde, dass du nur noch drei Monate zu leben hättest. Würdest du jetzt immer noch zehn oder mehr Stunden täglich das machen, was du aktuell machst? Machst du täglich das, was dich zutiefst inspiriert? Oder zählst du bereits ab 14 Uhr die Stunden bis zum Feierabend runter?

Viele Menschen führen ein Leben, das weit unter ihren tatsächlichen Bedürfnissen, Fähigkeiten und auch Möglichkeiten liegt, und das nicht etwa, weil sich die Menschen nicht mehr vom Leben erwarten würden, sondern weil sie irgendwann im Trott des Alltags steckengeblieben sind, und aufgehört haben, an sich zu glauben. Dabei ist der Glaube der Anfang jeder Erfolgsstory. Der gedankliche Griff nach den Sternen, das Bewusstsein darüber, dass man es selbst packen kann.

Wer aber jeden Tag in die gleiche Tretmühle steigt, stumpft mit der Zeit ab. Wasser, das nicht mehr fließt, bedeckt sich mit Schaum und fault langsam dahin. Das Gleiche passiert dabei mit dem Leben eines Menschen. Wer aufgehört hat, sich nach verlockenden und inspirierenden Zielen zu strecken, der hört im Grunde auf, zu leben. »Mit 30 gestorben, mit 70 begraben«, geht ein Spruch.

Wir haben die Freude am Wachstum verloren. Im Gegenteil, wir haben sogar Angst davor, etwa, weil wir ein Burnout oder Depressionen fürchten, wenn wir uns zu sehr reinsteigern würden. Dabei ist diese Sorge weitgehend unbegründet; ein Burnout erleidet nicht derjenige, der »zu viel« von etwas macht, sondern derjenige, der »das für ihn Falsche« macht. Und das hast du selbst in der Hand!

Sieh dir Formel 1-Weltmeister, Olympioniken und Sportler an, die teils ihre hundert Stunden pro Woche trainieren. Es macht ihnen nichts aus, da sie kongruent mit ihrem Wesenskern leben. Aber wenn du tust, was gegen dich spricht, gegen dein Wesen, verlierst du Energie und bist am Abend erschöpft, wie nach einem Marathonlauf. Und egal, wie diese Gefühle heißen; sie sind ein Signal an uns, dass wir uns reflektieren sollten. Wir müssen gar nicht von einer Krankheit ausgehen; mitunter reichen verdächtige Gedanken, wie zum Beispiel: »Herrje, schon wieder ein neuer Arbeitstag«. Das sind Hinweise, die uns geschickt werden, mit deren Hilfe wir die Situation verändern können. Ich habe die Erfahrung gemacht, dass viele Menschen diesen Hinweisen gerne folgen wollen, weil sie intuitiv spüren, dass es »das« noch »nicht gewesen« sein kann. Die meisten möchten mehr Spaß, mehr Freundschaft, mehr Liebe, mehr Kommunikation – und gerne auch mehr Geld verdienen mit den Sachen, die sie leidenschaftlich gerne machen. Und das ist legitim, es ist dein Geburtsrecht.

Der Topf und Einstein

Es ist allgemein bekannt, dass der Physiker Albert Einstein nur einen Bruchteil seines tatsächlichen Intelligenzpotenzials umgesetzt und angewandt hat. So ist es auch bei uns heute: Wir alle nutzen lediglich einen kleinen Teil unserer tatsächlichen Möglichkeiten. Das glaubst du nicht? Prüfe selbst: Wie viel Potenzial auf den Ebenen deiner persönlichen Leidenschaft, deines Herzblutes, deiner Begeisterung, deiner Empathie, deines Charismas, deiner Liebesfähigkeit und deiner Kommunikationskraft hast du in den letzten zwei Tagen voll ausgeschöpft? Wie viel davon hast du wirklich entfaltet?

Gestern Morgen zum Beispiel, als du aufgewacht bist, hast du da mit Begeisterung den Tag begrüßt? Wie viel Zeit, wie viel Liebe hast du gegeben, wie viel Einfühlungsvermögen für deine Kinder, mit wie viel Leidenschaft hast du mit deinen Kindern gespielt? In deinem Job; wie viel Charisma, wie viel emotionale Intelligenz und Empathie hast du bei deinen Kollegen eingesetzt? Wie viel deiner Kommunikationskraft?

Höchstwahrscheinlich wirst du hier sagen, dass es nicht 100 Prozent waren. Dass durchaus noch mehr gegangen wäre. Und das ist, was ich meine: Dass wir alle unter unseren Möglichkeiten leben. Aber wieso machen wir das so?

Ich glaube, dass es an unserem Selbstbild liegt. Unser Selbstbild liegt wie eine Decke auf unserem Potenzial; diese Decke ist schwer, sie ist zwar durchaus gläsern, wir können also hindurchschauen und erahnen, wie viel höher wir steigen könnten, aber sie wiegt einiges, sodass wir sie nur schwerlich durchbrechen können. Bei unserer Geburt sind wir wie ein weißes Blatt Papier. Und das wird ziemlich schnell beschrieben. Mit Daten, auf die wir keinen Einfluss haben. Zuerst sind das unsere Eltern, die »Hand anlegen« und anschließend der Kindergarten. Und dann? Die Schule. Die Schule lässt die Träume so vieler junger Menschen zerplatzen. Die Fähigkeiten, die in uns sind, werden selten erkannt und wertgeschätzt oder gefördert, sondern es zählt einzig, uns zu fleißigen Arbeitsbienchen heranzuzüchten. Es ist egal, ob du vielleicht eine hervorragende Eiskunstläuferin hättest werden können, oder ein begnadeter Tennisspieler. Was zählt, ist der Stundenplan, das enge Korsett, das dir umgeschnallt wird. »Mach gefälligst dies, mach gefälligst jenes...« - bloß nicht kreativ sein und eigene Wege gehen. »Sei leise, sprich nicht so laut, halt den Mund!« »Was bildest du dir überhaupt ein, wer du bist?« Enttäuschung reiht sich an Enttäuschung – nach der Schulzeit sind die Augen vieler Kinder leer. Wir haben es geschafft, die Norm des vermeintlich »Normalen« durchzusetzen, wenn es sein muss, mit brachialen »pädagogischen« Mitteln oder Medikamenten.

Das trifft nicht auf alle zu, freilich. Aber auf viele, und um jeden Einzelnen tut es mir leid, denn jeder einzelnen Persönlichkeit wurde nicht zur Entfaltung verholfen, sondern sie wurde regelrecht zerknautscht und plattgetreten. Uns sollte bewusst sein, dass wir jungen Menschen keinen Gefallen tun. Kein Wunder, dass die meisten Erwachsenen – bildlich gesprochen – mit gebückter Haltung durchs Leben gehen.

Bis zu seinem 18. Lebensjahr bekommt ein Mensch etwa 150.000 negative Suggestionen genannt, also Botschaften, die ihn tendenziell eher runterziehen. Unsere Eltern, andere Eltern, Erzieher, Lehrer, andere Kinder, andere Erwachsene sagen uns, was wir alles nicht können, wozu wir nicht fähig wären und was wir wohl niemals erreichen können. Wir wären zu dick, zu dünn, die Sterne stünden nicht günstig oder was auch immer. Das ist absoluter Bullshit. Diese »Thesen« werden insbesondere von denen in die Luft geblasen, die selbst unter einem geringen Selbstwertgefühl leiden.

Diese Sätze prägen uns mitunter für ein ganzes Leben und führen dazu, dass wir kaum noch Chancen auf ein selbstbestimmtes Leben haben. Wir hinterfragen nicht mehr, führen nur noch stur und blind aus, blockieren uns selbst.

Ein Jammer, wenn wir uns vor Augen führen, wie viel außergewöhnliches Potenzial verschenkt und geniale Persönlichkeiten in ihrer Entfaltung regelrecht blockiert werden.

Was willst du wirklich?
Warum bist du hier auf diesem Planeten?
Was ist deine Aufgabe, deine Mission?
Was ist dein persönliches »Warum?«?
Wenn alles traumhaft verlaufen würde,
wo würdest du dich in fünf,
zehn oder 20 Jahren sehen?

Habe einen Plan, an dem du dich orientieren kannst und mit dessen Hilfe du das Universum befähigst, dich in die richtigen Bahnen zu lenken. Woher soll es sonst wissen, welche Annehmlichkeiten und Gelegenheiten es dir zuspielen soll?

Plane dein Leben so, als könnten nur die bestmöglichen Optionen eintreten. Setze dir nicht als Ziel, »irgendwie über die Runden zu kommen«, sondern ein Leben in einer solchen Fülle zu führen, dass es beinahe schon beängstigend auf dich wirkt. Schränke dich nicht ein – sondern stelle dir vor, wie du alles das, was du dir vornimmst und erreichen möchtest, tatsächlich bereits erreicht hast. Wie sonst möchtest du dem Universum ein klares Signal darüber aussenden, was du willst in dieser Welt, und wobei es dich unterstützen soll? Wir können deinen Plan gern gemeinsam kreieren. Der Aufbau und die »Programmierung« des entsprechenden Mindsets gehört zu meinem Coachingportfolio, da ich dieses zwingend für langfristigen Erfolg erachte.

Wo und wie siehst du dich zukünftig?

Wenn ich dich jetzt fragen würde, wo du dich in fünf, zehn oder zwanzig Jahren sehen würdest, hast du zwei Möglichkeiten, darauf zu antworten: Du kannst erstens dein Leben im »hier und jetzt« anschauen, deine derzeitige Situation angucken, Umweltbedingungen, Ausbildung, deinen Kontostand, deine Freunde, die Stadt, in der du lebst, und so weiter. Und dann beschließt du auf der Grundlage dieser Gegebenheiten dein Ziel im »morgen«.

Nachteil dieser Methode: Du bist weiterhin in deinem alten Denken verhaftet, du klebst förmlich an deinem jetzigen Zustand und würdest nur kleine Schritte nach vorne machen.

Es gibt aber auch eine andere Methode, die ich dir ans Herz legen würde, da viele erfolgreiche Menschen so vorgehen: Sie schauen nicht auf ihr Leben im hier und jetzt; sie fokussieren sich lediglich auf eine bestimmte Vision und malen sich aus, was sie im Leben gerne erreichen würden. Jetzt erst, in einem zweiten Schritt, überlegen sie sich, welche Fertigkeiten, Fähigkeiten, Talente und Potenziale sie brauchen werden, um dorthin zu kommen.

Mit anderen Worten: Erfolgreiche Menschen sehen ihre Ziele unabhängig ihrer jetzigen Gegebenheiten, und genau auf diese Weise solltest du es auch tun. Sprenge deine Grenzen in deinem Denken, und baue dein Leben neu auf. Du denkst, es wäre zu spät? Das ist deine Entscheidung.

Worauf immer du deinen Fokus legst, wird größer werden und wachsen. Dieses Pflänzchen, was da entsteht, wird beginnen, dein Leben immer mehr und mehr zu beherrschen, zu lenken und zu leiten.

Hochwertige Gedanken auf unsere strahlenden Ziele bilden den Treibstoff des Lebens. Habe den Mut, Ziele zu definieren, die dich blass werden und in die Knie sacken lassen. Das Gesetz der Anziehung besagt, dass dir nur Gleiches zugespielt werden kann; wie also sollst du die Fülle in deinem Leben wahrnehmen, wenn du sie dir nicht mal gedanklich vorzustellen vermagst?

Erstelle eine Vision, die dein Herz zum Singen bringt, und die dir eine mächtige Schöpferkraft zuteilwerden lässt. Frage dich: »Wo will ich hin? Wer will ich sein?« Sei dir klar darüber, auf was du deine Energie fokussieren willst, was sich entwickeln, nähren und immer größer werden soll.

Was ist deine Bestimmung in dieser Welt?

Ich helfe dir als zuverlässiges »Navigationssystem« dabei, deinen Traum zu leben.

Die Geschäftsidee - das »Was« kommt immer vor dem »Wie«!

Kennst du das Gefühl, wenn eine scheinbar sensationelle Idee, ein für dich stimmiger Gedanke für ein neuer beruflicher Weg komplett Besitz von dir ergreift und dein Innerstes zum Strahlen bringt?

Wir erhalten segensreichen Zuspruch von Bekannten und unserer Familie und malen uns aus, wie genial es doch wäre, diese Idee einfach umzusetzen, in Freiheit leben zu können und steinreich dabei zu werden. Diese Geschäftsidee war dann ein direkter Hinweis deines Herzens an dich.

Aber: Gehst du diesem Impuls nach, oder lässt du dich sofort von deinen über viele Jahre implantierten Glaubenssätzen wieder davon abbringen?
Bringst du den Mut auf, den ersten Schritt zu gehen? Oder verliert sich deine Idee im Alltagstrott und verblasst zusehends?

Dein Kopf hat nun wieder die volle Kontrolle übernommen, dabei sehnt sich doch dein Herz nach Kreativität, Sinn, Erfüllung und Freiheit. Du traust dich aber nicht, diesem verlockenden Ruf deines Herzens zu folgen.

Was aber passierte den meisten von uns, die eine solche Geschäftsidee mit sich herumtrugen? Richtig – ein paar Monate später, die Idee hatten wir längst vergessen, setzte sie ein anderer um und wurde damit erfolgreich und vielleicht sogar berühmt.

Was war der Unterschied zwischen dem, der es gemacht hat, und dir, der die Idee doch eigentlich viel früher hatte? Richtig: Er hat sie, im Gegensatz zu dir, umgesetzt.

Thomas Alva Edison kennen die meisten als den Erfinder der Glühbirne. Tatsächlich hat Edison dutzende von Patenten eingereicht, und sagte einmal: »Eine Erfindung ist zu 1 % Inspiration, und zu 99 % Transformation.«

Komm' ins Handeln, komm' ins Transformieren.

Ein Prozent ist die Idee, der Funke, dein Wille. Und 99 Prozent ist, dass du die Schaufel in die Hand nehmen und losgraben musst. Dass du »all in« gehst, alles auf eine Karte setzt, zwölf Stunden am Tag arbeitest, eventuell pleite gehst und Konkurs anmeldest, ein Scheitern in Kauf nimmst und für legitim hältst, dann aber den Mund abputzt und mit der nächsten Idee weitermachst.

Dass du nicht einfach aufgibst, sondern dass du weiterhin an die Realisierung deiner Ziele glaubst und dich nicht von jedem kleinsten Gegenwind umwehen lässt. Das Leben wird dich testen, testen, testen aber immer für dich agieren.

Frage dich nicht, wie du dein Ziel erreichen kannst, sondern frage dich: »Was will ich eigentlich?« Das Was kommt immer vor dem Wie. Wenn du genau weißt, was du willst, wird sich das wie auf dem Weg dorthin ergeben. Das setzt absolutes Vertrauen in dein Leben voraus. Deine Haltung muss also vielmehr sein, dass du an dich und deine Fähigkeiten glaubst. Dass du ein Selbstbild hast, das dich wie selbstverständlich zum Ziel trägt, und dass du nicht minutiös alles geplant haben musst, bevor du losgehst. Wichtiger ist, dass du überhaupt losgehst. Anthony Robbins hat mal gesagt: »Wir sind nicht an das gebunden, was wir irgendwann im Leben mal gelernt oder an Ausbildung durchlaufen haben. Wir sind nicht an das gebunden, was uns unsere Eltern gesagt haben. Du kannst dir aus der bunten und breiten Vielfalt des Lebens deine persönliche Wunschbestimmung aussuchen und dein Ding in die Realität holen. Das tun, was du liebst!« Deine Bestimmung ist in dir. Frage dich immer wieder: Was könnte ich wirklich Sinnvolles mit meinem Leben machen? Mit welcher Art von Großartigkeit würde ich den Rest der Welt wirklich bereichern? Was würde mein Leben krönen? Was sind meine Talente, was meine Liebhabereien? Was sind meine Fähigkeiten, für die andere bereit wären, ihrerseits Geld zu investieren?«

Um das gleich zu klären: Das mit dem Geld sage ich nicht, um dich dazu aufzufordern, den »dicken Reibach« zu machen, sondern, weil ich glaube, dass Geld sowohl eine Energieform darstellt, als auch ein Repräsentant für Dankbarkeit ist. Wenn ein Mensch dir Geld gibt, dann deshalb, weil ihm das, was er dafür von dir bekommt, mehr wert ist, als das Geld, das er dafür hergeben muss. Er ist dankbar dafür, dass du ihm das, was er sich da gerade kauft, so »günstig« rausgibst. Deshalb ist Geld ein guter Gradmesser für das, was anderen Menschen wirklich wertvoll ist.

Der letzte Satz war etwas verklausuliert; du kannst ihn in Ruhe noch ein zweites Mal lesen. Wenn du verstanden hast, dass Geld auf diese Weise funktioniert, wird materieller Wohlstand kein Problem mehr für dich sein.

Früher dachte ich, dass Menschen, die ihre Bestimmung finden, einfach nur Glückspilze sind. Das ist aber Blödsinn – seine wahre Bestimmung zu finden, ist ein Ergebnis, das du erhältst, wenn du fokussierte Arbeit, Anstrengung und Energie investierst. Alles Dinge, die wir selbst steuern können.

Woran du diese Impulse erkennst? An einem »Aha-Moment«. Der sieht bei jedem Menschen etwas anders aus; manchmal ist es ein Gefühl im Bauch, manchmal eine Form der Erleuchtung, manchmal durchflutet dich ein Strom der Freude. Dann weißt du: Du bist ganz nah an dem dran, was du eigentlich tun solltest, was wirklich in dir liegt. Und wenn du viele dieser Momente hast, kannst du anfangen, diese in einem Journal niederzuschreiben. Damit nichts verloren geht. Und du wirst sehen, dass mit der Zeit ein richtig dickes Büchlein entsteht, das deine persönliche Geheimfibel ist. Oft genügt dann ein Blick nach zwei, drei Wochen Abstand, um dein persönliches »Ding« zu ermitteln, binnen einer oder zweier Sekunden. Sieh alle Einträge als Puzzleteile, die sich irgendwann wie durch Zauberhand zu einem großen, stimmigen Bild zusammenfügen. Dieses Bild wird immer klarer werden, und du wirst es immer leichter haben, das Bild hinter dem Bild zu erkennen. Analysiere das Bild; schau dir die Themen an, die du erkennst, reflektiere sie. Es wird dir stetig leichter fallen, die Schnittmenge zu finden.

Wie du das konkret machst, zeige ich dir später mit meiner Schritt-für-Schritt-Anleitung, mit der du Klarheit darüber erlangst, wie du deine Bestimmung finden kannst.

Das Universum und sein Plan

Ich glaube daran, dass das Universum mit uns einen Plan verfolgt.
Die Schöpfung meint es gut mit uns. Ich vergleiche das gerne mit
einem kleinen Kind; stell dir vor, du hättest ein dreijähriges Mäd-
chen vor dir sitzen und würdest ihm ein Eis seiner Lieblingssorte
kaufen. Das Kind dürfte dreimal an dem Eis schlecken – und dann
würdest du es ihm wieder wegnehmen. Das macht doch niemand!
Ich glaube, dass das Leben ebenso wenig unfair zu uns ist. Haben
wir erstmal unsere Bestimmung gefunden, wird sich alles leicht an-
fühlen, und die Umstände werden sich zu deinen Gunsten fügen.
Du wirst die Vision spüren, jeden Abend aufgeregt einschlafen und
morgens freudestrahlend aufwachen. Dein Job ist es nur, aus deinen Talenten etwas zu machen und dir diese Vision vor dein geistiges Auge zu stellen.

Du wirst sehen, dass dann alles wie am Schnürchen anfangen wird,
zu laufen. In diesem Augenblick wird es so scheinen, als hättest du
»den Code geknackt«, und als würden übernatürliche Kräfte dich
dabei unterstützen, alle deine Ziele zu erreichen und deinen Weg
zu gehen.

Schöpfermodus aktivieren!

Du hast immer die Wahl, jeden Tag, zu jeder Sekunde. Nicht immer steht dir jede Tür offen, aber du hast immer die Möglichkeit, einen Schritt in die gewünschte Richtung zu gehen. Das geht dann, wenn du entsprechend denkst, dein Mindset umprogrammierst und in die Umsetzung kommst. Gemeinsam schaffen wir das, wenn du aus tiefstem Herzen willst und deine jetzige Situation so unerträglich ist, dass du bereit bist für den Sprung in eine neue Zukunft.

Je mehr Verantwortung du für dich und dein Leben übernimmst, und je mehr du dich selbst als der Schöpfer deines eigenen Lebensweges betrachtest, desto wahrscheinlicher ist es, ein Leben in Glückseligkeit zu führen.

»Wem wir die Schuld geben, geben wir die Macht«, ist ein bekanntes Zitat, das es perfekt trifft; wenn du deinen Verantwortungsbereich nach außen verlegst und davon ausgehst, dass Andere dein Leben bestimmen, ernennst du dich selbst zum Opfer, das durch die Gegend geschubst wird (auch das ist ein schöpferischer Akt).

Dutzende Fallbeispiele belegen, dass du ein wesentlich erfolgreicheres Leben führst, wenn du dich selbst als verantwortlich für deine Situation siehst. Wer ständig lamentiert und glaubt, »die Anderen« hätten Schuld an der eigenen miserablen Situation, der vergeudet wertvolle Energie und – und das ist fast das Schlimmste – ändert rein gar nichts an seiner eigenen Situation! In der Zeit des Beklagens und Jammerns hätte man auch einfach proaktiv die nächsten, lösungsorientierten Schritte gehen können. Stoppe das »Mimimi« - endgültig! Gib dir selbst die »Schuld« an deiner finanziellen, privaten und beruflichen Situation – denn dann ermächtigst du dich selbst, daran etwas ins Positive zu verändern!

Ich persönlich musste einige, teilweise heftige Rückschläge im beruflichen, privaten und finanziellen Kontext einstecken. Diese unbeschreiblichen Schmerzen im Inneren zu spüren und der schwebende Zustand der Hilflosigkeit, setzten mir zeitweise stark zu, ich bin aber immer wieder aufgestanden und habe mein Schicksal selbst in die Hand genommen, ohne zurückzuschauen und Andere für meine Situation verantwortlich zu machen. Allerdings habe ich einige Zeit gebraucht, um zu verstehen, dass das Leben immer für uns ist. Es gilt, schwierige Situationen zu akzeptieren, ohne ewig darüber nachzugrübeln.

Das Leben ist immer FÜR dich

Hattest du in den vergangenen Monaten schon mal einen Tiefpunkt? Ein richtiges »Down«, aus dem du glaubtest, nicht mehr herauszufinden? Wenn dem so sein sollte, dann gratuliere ich dir: Denn damit hast du eine gute Datengrundlage, um meinen nächsten Punkt zu überprüfen: Das Leben spielt dir immer »in die Karten«, es ist FÜR dich.

Das Leben ist nie gegen dich. Das knüpft an den vorherigen Punkt mit der Verantwortung für sich selbst an; du entscheidest, wie es weitergeht, zu jeder Sekunde. Dein Leben gibt dir ständig Hinweise, um dich zu verbessern, dich zu stärken, und nicht, um dich zu schwächen. Die meisten Menschen haben das nur leider nicht verstanden und glauben, sie müssten einen regelrechten »Kampf« gegen das Leben führen. Das stimmt aber nicht; sei achtsam für die Gelegenheiten, die dir vor die Füße fallen, und spüre in dich hinein. Lerne, ein Gefühl für den Fluss des Lebens zu entwickeln, um so im Energiesparmodus mitzuschwimmen und dich treiben zu lassen. In meinem 1:1-Mentorenprogramm gehe ich dort tief hinein, um alle inneren Mauern, selbstsabotierenden Glaubenssätze und Blockaden zu sprengen und deine ursprünglichen Kräfte zu mobilisieren.

Komm' weg von der Vorstellung, dass dir das Leben etwas Schlechtes sagen oder antun möchte. Im Gegenteil: Es schenkt dir immer genau die Prüfungen, die gerade perfekt zu deinem jeweiligen Bewusstseinszustand passen. Nimm diese Herausforderungen, Situationen und Aufgaben dankend an, aber nicht in Form eines Kampfes, sondern sieh alles als ein Spiel an, welches du gewinnen darfst.

Mach's einfach!

Was glaubst du, bereuen Sterbende am meisten, wenn sie ihren letzten Stunden entgegenblicken?

Es gibt viele Geschichten darüber, was Menschen erzählen, die auf dem Sterbebett liegen. Und auf einer der vordersten Plätze steht, dass Menschen bereuen, sich nicht getraut haben, ihre Träume zu leben. Sie sind verzweifelt über die versäumten Möglichkeiten und Chancen, die sich auf dem Weg des Lebens jedem Menschen bieten, allerdings selten als diese erkannt werden und somit ungenutzt vorübergehen. Das ist genau der Punkt, auf den ich hinaus will. Fang an, deine Träume in eine Vision zu übersetzen, und dir diese Vision jeden Tag als Realität vor das geistige Auge zu holen. Steigere dich täglich um nur 0,5 %, und du wirst dich innerhalb eines

Jahres vollautomatisch um 182,5 % steigern. Wichtig ist nicht, ob du mit riesigen Schritten vorwärts kommst, sondern dass du überhaupt losgehst. Vielleicht auch erstmal nur nebenberuflich.

»Wenn wir dann alt sind

und unsere Tage knapp,

und das wird sowieso passieren,

dann erst werden wir kapieren,

wir hatten nie was zu verlieren.«

(Julia Engelmann)

Und dann? Mach's einfach! Oder ist es dein eigenes Ego, das Angst davor hat, Einbußen hinnehmen zu müssen, auf dem steinigen Weg in die Freiheit? Das Ego wird uns in diesem Buch auch noch beschäftigen, weiter hinten in diesem Buch wird es ein ganzes Kapitel darüber geben.

Tu' es!

Stell dich nicht dauernd in Frage, rede dir nicht zig Gründe ein, warum etwas nicht klappen oder funktionieren sollte. Du hast bereits einen beachtlichen Lebensweg beschritten, und sehr vieles, was du angefasst hast, wurde erfolgreich umgesetzt. Warum nicht also jetzt auch, wenn du anfängst, dein eigenes Leben zu leben, und deiner Berufung zu folgen? Ertrage weiterhin den Schmerz der Unzufriedenheit, oder gehe endlich den neuen, den wahren Weg deines Herzens. Werde dir bewusst, dass du nicht ewig lebst, und dass Zeit ein knappes Gut ist. Frage dich, ob du später bereuen möchtest, nicht JETZT den entscheidenden Schritt getan zu haben.

Dein Countdown läuft gnadenlos. Stell dir die alles entscheidende Frage. Du weißt nicht, welche das ist? Dann lies weiter und sei gespannt. Du wirst drauf kommen. Sei kein Feigling, folge deinem Herzen.

Kapitel 3
Die Box der Elemente

Mit diesen nachfolgenden Elementen wird das Fundament für deine Zukunft gelegt. Nimm dieses Kapitel als Gradmesser und hinterfrage, wo genau du für dich Nachholbedarf siehst. Lass dich inspirieren, um mit Überlegung und Bedacht in den Prozess der Veränderung einzusteigen, damit du deinem Ziel jeden Tag ein Stück näherkommen kannst.

Diese Elemente werden dir dabei helfen, aus deinem Leben etwas völlig neues und besonderes zu machen. Ich kann dir schon jetzt versichern, dass sich jede einzelne deiner Bemühungen tausendfach für dich auszahlen wird. Du investierst Zeit, Geld und Energie, weil du weißt, dass man den Preis des Lebens im Vorfeld zu bezahlen hat. Den meisten Menschen fehlt dieses fundamentale Grundverständnis und treten deshalb permanent auf der Stelle. Statt endlich das zu tun, wovon sie träumen, schrauben sie ihre Erwartungen ans Leben immer weiter nach unten, und begnügen sich mit einem Leben zweiter Wahl.

Viele beklagen sich dann auch noch, dass das Leben ungerecht sei.

Wahr ist: Du kannst vom Leben nur das zurückbekommen, was du einforderst und worum du dich ernsthaft bemühst. Deshalb gleich die erste und mit Abstand wichtigste Forderung an dich: »Gib dich nie wieder mit weniger zufrieden, als du sein willst, du haben willst und als du leben willst.« Es wird sich heute etwas in deinem Leben entscheiden. Bleibt alles beim Alten oder entscheidest du dich für dein »echtes« Leben ohne Masken? Der Lohn deiner Anstrengun-

gen wird großartig sein, du wirst deine Träume verwirklichen, nicht
(nur) in deiner Fantasie, sondern im hier und jetzt.

Beginnen wir mit dem ersten der Elemente: Deiner Mission.

❍ Element: Mission

Endlich raus aus dem engen Leben, auf etwas Neues zu! Es gibt
wohl niemanden, der sich nicht nach mehr Antrieb, Leidenschaft
und Sinn in seinem Leben sehnt. Damit diese Gefühle nicht jeden
Tag aufs Neue künstlich erzeugt werden müssen, darfst du lernen,
diese Motivation zu einem festen Teil von dir zu machen.

Den größten Teil des Tages widmet ein Mensch seiner Arbeit. Was
liegt also näher, als die Arbeit zu einer Energiequelle für gute Gefühle zu machen? Leider sehen die meisten darin nichts mehr als
eine reine Geldproduktion. Es geht intelligenter: Arbeit soll etwas
sein, das Spaß macht. Gute Gefühle und genussvolle Herausforderung – das ist es, was uns unsere Arbeit geben soll! Geld alleine
macht nicht glücklich. Der Mensch braucht einen Sinn im Leben,
eine Aufgabe, die ihn mit Begeisterung erfüllt. Nur wer tut, was
er von Herzen liebt, bekommt auch die volle Belohnung: Leidenschaft, Antrieb und echtes Lebensglück.

Der wissenschaftliche Begriff für diesen beständigen Fluss an guten Gefühlen ist Flow. Und so entsteht der Flow: Wenn du eine
von Herzen kommende Aufgabe verfolgst, und dabei alles rund um
dich vergisst; wenn du bei dem, was du tust, mit Herz und Hirn aufgehst. Finde diese eine Sache und du wirst im Glück schwimmen.

Gibt es etwas Logischeres, als sich das zur Arbeit zu machen, was
man gerne tut? Die meisten können diesen Gedanken zwar nach-

vollziehen, aber sie sind weit entfernt von dieser Art zu leben. Also zerreißen sie sich in zwei Hälften: Zuerst das Arbeitstier: Tun, was getan werden muss. Danach erst das wahre Ich: Tun, was Spaß macht.

Kaum jemand kann sich vorstellen, mit einer Tätigkeit sein Geld zu verdienen, die so viel Spaß macht, wie sein liebstes Hobby. Aber genau das führt zu echtem Lebensglück. Die Zwangsteilung zwischen Beruf und Freizeit muss aufhören. Du musst tun, was du gerne tust, deine Berufung finden und dein Leben damit sinnvoll krönen.

Ein Kind hat noch Träume im Herzen. Es hat einen ganzen Paradiesgarten an Ideen, was es mit seinem Leben alles anstellen möchte. Aber sobald es erwachsen ist, greifen auch schon die »vernünftigen« Mechanismen: »Wer überleben will, muss Geld verdienen. Träumen ist was für Spinner.« Und das Leben wird zur puren Pflichterfüllung.

Jeden Tag derselbe Trott. Jeden Tag der öde Job, der nur schnell vorbei sein soll. Und der Mensch dahinter verkümmert, samt seiner Träume und Leidenschaften. Als wären die wahren Passionen nur für ganz besonderen Menschen reserviert. Stimmt nicht! Begreife dich endlich als Mensch mit einer einzigartigen Bestimmung.

Das ist das Selbstverständnis, das dich retten wird: Jeder von uns hat diese einmalige Bestimmung mitbekommen. Irgendwo da draußen gibt es deine Berufung, deine Passion. Auf dieser Welt wartet ein Auftrag auf dich. Erkenne ihn und dein Leben bekommt einen ganz neuen, einen viel tieferen Sinn.

Schon auf dem Weg dorthin – beim langsamen Freilegen deiner Bestimmung – wirst du spüren, was es heißt, wirklich Mensch zu sein. Sobald du deine Bestimmung einmal wittern kannst, gibt es auch schon kein Halten mehr für dich. Deshalb: Hör auf zu träumen und mach deinen Traum wahr - erwecke ihn zum Leben!

Brich in eine neue, größere Welt auf. Und lass deine alte hinter dir. Nimm endlich wahr, welche faszinierenden Möglichkeiten sich dir bieten! Dein Leben ist kein Mosaik aus Job, Hobby, Routine und Freizeit. Es gibt ein großes Ganzes. Mach einen Schritt zurück und bemühe dich, den großen Plan, das große Lebensbild zu sehen.

Wenn du unglücklich bist mit dem, was du heute tust – dann ändere es! Ein Leben voller Zwänge und fremder Pflichten wird dich niemals glücklich machen. Wir leben nicht, um fremde Erwartungen zu erfüllen, wir leben, um das zu tun, wonach unser Herz verlangt. Hör auf dich selbst – folge dem Ruf deines Herzens.

Geh mit System an die Sache heran: Beginne nebenbei mit dem, was dir Spaß macht; lerne dazu, entwickle und positioniere dich. Wer etwas gut kann, wird auch Leute finden, die ihn dafür bezahlen.

Noch immer sind zu viele Menschen nur auf das Geld allein fixiert. Bei ihnen dreht sich alles um das Haben. Wer jedoch nur des Geldes wegen arbeitet, wird erstens nicht glücklich sein, und zweitens nicht viel Geld verdienen. Das ist die Strategie des Universums, uns zu motivieren, etwas zu tun, das uns auch wirklich Spaß macht. Sobald du deine Berufung gefunden hast, wirst du gut darin werden. Und dadurch wirst du auch automatisch mehr verdienen. »Reich sein« ist kein Ziel an sich, sondern eine Nebenwirkung von gut und gern gemachter Arbeit. Geld verdienen ist ein Spiel; du gewinnst, indem du mit ganzem Herzen dabei bist. In jedem Bereich gibt es Menschen, die ihre Arbeit lieben. Wenn dir dieser Enthusiasmus fehlt, werden dir diese Menschen immer überlegen sein. Du musst deine

Arbeit so sehr mögen, dass sie sich gar nicht wie Arbeit anfühlt.
Nur dann wirst du auch wirklich gute Leistung erbringen können.
Liebe veredelt eben alles im Leben. Für gewöhnlich wird dir eine
Arbeit, die du gerne machst, auch zu mehr Wohlstand verhelfen.
Vielleicht erkennst du auch, dass dieser äußerliche Reichtum gar
nicht das ist, was du wirklich willst. Es gibt genug, für die ihr Gehalt
eine Art Schmerzensgeld ist. Sie hassen ihren Job und trösten sich
mit ihrem Geld, dem Narrengold. Lieber zwingen sie sich jeden
Tag zu ungeliebten Aufgaben, als dass sie auf ihr dickes Bankkonto
verzichten. Wenn das jemand freiwillig tut - in Ordnung! Du musst
nur aufpassen, dass du nicht unfreiwillig in diese Falle tappst. Sei
vorsichtig und versklave dich nicht, nur um irgendwelchen leeren
Plunder halten zu können.

Es kann sein, dass dich dein neuer Lebenskurs zuerst einmal zu
einigem Verzicht zwingt. Aber das darfst du nicht überbewerten.
Betrachte das einfach als die Pflichtkür für das Große, das auf dich
wartet. Ein kleiner Schritt zurück, damit du anschließend einen Rie-
sensprung nach vorne machen kannst!

Wie erkennst du deine Lebensbestimmung überhaupt? Vor allem
braucht so etwas Wichtiges Zeit. Deine Mission muss in dir reifen,
damit sie konkret werden kann. Das kann manchmal mehrere Monate, vielleicht sogar Jahre dauern. Aber was ist das schon, wenn du
dafür ein neues Leben bekommst – das Leben deiner Träume!

Es gibt heute schon Hinweise dafür, in welche Richtung dein Leben gut aufgehoben wäre: Deine Liebhabereien! Wovon träumst
du? Welche Hobbys hast du? Über welche Themen sprichst du
gerne? Welche Programme oder Zeitschriften interessieren dich?
Alles, womit du dich gerne beschäftigst, zeigt dir, wo deine Her-
zensheimat ist. Wenn dein Leben etwas wirklich Besonderes wer-

den soll, nimm diese Stimmen aus deinem Inneren und hör auf sie. Versündige dich nicht gegen dich selbst, indem du deinen eigenen Wesenskern verleugnest!

Neben deinen Hobbys sind es auch deine Talente, die dir einen klaren Hinweis auf deine Lebensbestimmung geben können. Jeder von uns hat etwas, was er besser kann als andere. Das ist sein Talent. Das kann vom Gärtnern übers Dichten bis zum Klavierspielen gehen. In jedem lebt die eine oder andere Begabung. Diese verschiedenen Fähigkeiten sind eine sehr wertvolle Orientierung für das Leben deiner Träume. Sie konnten sich erst entwickeln, weil du dich für ein bestimmtes Thema besonders interessiert hast. Finde heraus, wo deine Talente liegen, lebe sie aus und fördere sie!

Beschränke dich aber nicht nur auf deine bestehenden Talente. Begabungen lassen sich regelrecht »anerziehen«. Sobald du weißt, wohin du willst, werden dir die nötigen Fähigkeiten folgen. Egal, um was es dir geht: Sprachen sprechen, Musik komponieren oder Bücher schreiben - du kannst dir so gut wie alles aneignen, was du willst. Unser Potential ist unbegrenzt. Nimm die Sache, die dir am Herzen liegt, und fördere sie so lange in dir, bis sie sprichwörtlich »sitzt«. Und schon bald werden die anderen bewundernd von deinem »Talent« sprechen. Hinter dem Wort »Talent« steckt zu einem großen Teil nur ein systematisch angelerntes Programm. Jemand wiederholt immer wieder dasselbe, bis es irgendwann automatisch wird. Talente sind also nichts anderes als das Endprodukt einer immer gleichen Kette an inneren Abläufen. Nutze dein brachliegendes Potential!

Im Grunde können wir uns alles, was ein anderer Mensch kann, genauso aneignen. Es gibt nur eine Bedingung: Diese Fähigkeit muss Teil deiner Herzensbestimmung sein. Nur dann habt ihr auch die gleichen Voraussetzungen. Du willst können, was ein anderer kann? Dann tu einfach lange genug das, was der andere auch getan hat. Lerne!

Deine vorerst wichtigste Aufgabe: Finde deine Urpersönlichkeit! Steig gedanklich aus dem Alltag aus und denk über dich selbst nach. Welche Sehnsüchte hast du? Wie sieht das Wunschbild deiner Zukunft aus? Was kann deinem Leben Sinn geben? Was willst du bewegen? Die Antworten werden kommen!

Was immer dir bei diesem Prozess einfällt, schreib es sofort auf! Am besten in dein Ideenjournal. Halte all die Hinweise und Ideen aus deinem Innersten schriftlich fest. Erst in der Schriftform liegt ernstzunehmendes Potential. Sie ist der verbindliche Auftrag an dein Gehirn, konkrete Wege zu deinen Träumen zu erforschen.

Wenn du ab heute jeden Tag an deiner Begabung arbeitest, jede Minute an deine Einzigartigkeit glaubst, immer wieder in dein Inneres hinein hörst, wird es nicht mehr lange dauern, bis sich dir deine Bestimmung wie ein Geschenk des Himmels präsentieren wird. Dann hast du es: das große Sinnbild deines Lebens.

Ab da ist es vorbei mit dem Suchen und dem probeweisen Leben. Von da an wird es für dich keinen Zweifel mehr geben. Du wirst einfach wissen: »Das ist es! Dafür will ich leben! Das kann meinem Leben wirklich Sinn geben!« Und nichts wird dich mehr davon abhalten können, Schritte in Richtung deines großen Traumes zu unternehmen.

Vielleicht denkst du auch darüber nach, das Ganze lieber einmal »etwas kleiner« anzugehen. Aber ich frage dich: Wie viel emotionalen Treibstoff wird so ein Minivorhaben wohl erzeugen? Dein Herz muss brennen vor Sehnsucht. Da zählt es nicht, was du momentan gerade für möglich hältst - je weniger Grenzen, desto besser. Wenn du ständig nur in dem Rahmen agierst, den du heute für machbar hältst, wirst du nie herausfinden, wozu du wirklich fähig bist. Eine Mission interessiert sich nicht für kleingeistigen, sogenannten Realismus. Sie will dich zu einem neuen Menschen machen, der in einer besseren Zukunft heute noch Unvorstellbares erlebt.

Keine Angst vor neuen, größeren Klassen. Deine Mission wird dich nicht im Stich lassen. Alles wird sich wundersam fügen, als hätte dich das Glück zu seinem Schützling gemacht. Lebe deine Bestimmung und du hast eine Art Geheimcode geknackt - von da an wird dich das Universum unter seine Fittiche nehmen.

Diese unterstützenden Mächte werden allerdings erst dann für dich wirksam werden, wenn du das auszuleben beginnst, wofür du gemacht wurdest. Nur so kann die überbewusste Intelligenz in dir auch für »Wunder« sorgen. Du musst eins sein mit deinem Traum! Er muss dir gehören! Nur dann gehört dir auch die ganze Welt.

Aber Achtung: Bevor es so weit ist, wirst du geprüft. Eine höhere Instanz schaut nach, ob es dir auch wirklich ernst ist mit deinem Ziel. Für irgendwelche »schnell aufpolierten Ideen« gibt es auch keine übernatürlichen Energien! Hast du dein Ziel aber erst einmal gefunden, geht sie auch schon los, die sprichwörtliche Reise zu den Sternen.

Viele Menschen haben scheinbar alles: Familie, Freunde, Gesundheit, Geld, Status, und doch fehlt ihnen etwas ganz Entscheidendes: Eine große Sehnsucht im Herzen. Ein Traum, der ihr Leben wirklich zutiefst befriedigt. Es gibt auf dieser Welt kaum etwas, das uns so viel geben kann, wie ein zum Leben erweckter Herzenswunsch.

Wie oft hast du dir selbst schon vorgesagt: »Eigentlich würde ich viel lieber...« Wenn dir dieser Satz in den Sinn kommt, dann mach dir klar: Du hast gerade klipp und klar formuliert, in welche Richtung es dein Herz zieht. Fordere dich selbst auf: »Dann mach es doch einfach!« Nimm deinen Traum und mach ihn endlich wahr!

◉ Element: Motivation

Das nächste Element aus der Box ist die Motivation. Es gibt die weitverbreitete Annahme darüber, dass Motivation etwas Angeborenes sei. Dem ist aber nicht so; jeder Mensch hat ein unendliches Motivationspotential in sich. Alles was wir tun müssen, ist den Weg zu diesem Potential mit einer Art »Code« freizulegen, und sofort fließt Motivation ohne Ende.

Menschen ohne Antrieb gibt es nicht. Es gibt nur Menschen, die ihr eigenes Energiereservoir mit kleinen Zielen künstlich einschränken. Einmal richtig herausgefordert, verwandelt sich auch der trägste Mensch in eine energiegeladene Rakete. Gib einem »faulen« Menschen eine spannende Aufgabe - und du wirst staunen, was alles aus ihm herausfließen kann.

Eines musst du allerdings wissen: Die echten Herausforderungen gibt es nur außerhalb unserer Komfortzone. Diesen einen Schritt über die Grenze hinaus fürchten die meisten so sehr, dass sie lieber an ihrem Frust ersticken. Die künstliche Beruhigung lautet oft: »Ich könnte es ja auch schlechter haben…«

Genau das ist der Fehler! Damit betäubst du einen der kraftvollsten Wachstumsimpulse, die der Mensch überhaupt hat: die Unzufriedenheit. Lass den Frust in seiner vollen Härte zu!
Dadurch verwandelt er sich im Handumdrehen in eine treibende

Kraft. Betrachte Unzufriedenheit als deinen Freund und niemals als deinen Feind.

»Man muss zufrieden sein mit dem, was man hat.« Falsch! Wir müssen dankbar sein, aber nicht immer zufrieden! Dankbarkeit ist ein gutes Gefühl, das wir immer wieder erleben sollten. Zufriedenheit dagegen ist gefährlich. Wer ihr erliegt und zufrieden ist mit dem, was er ist oder hat, hat aufgehört, über sich selbst hinauszuwachsen.

Eigentlich solltest du die Zufriedenheit fürchten. Wenn du dich ihr ergibst, wird es mit jedem Tag schwieriger, wieder neuen Elan zu erzeugen. Deine Pflicht ist es, immer wieder neue Mauern zu überwinden. Du solltest die Unzufriedenheit nicht verdrängen – du solltest sie suchen. Lass sie die treibende Kraft deines Fortschrittes sein!

Nur auf den Schmerz der Unzufriedenheit zu setzen ist allerdings zu wenig. Nutze auch die Kraft der positiven Motivation – das natürliche Bedürfnis, auf angenehme Dinge zuzusteuern. Erinnere dich: Schmerz und Freude, Unzufriedenheit und Verlangen – das sind die Kräfte, die jeden Menschen lenken. Setze sie geschickt ein!

So erzeugst du inneren Antrieb: Auf der einen Seite stell dir die schlimmsten Nachteile deiner Unterlassung vor. Auf der anderen fühle mit deinem ganzen Menschsein, wie schön es sein wird, deine Ziele zu erreichen. Ob für große Visionen oder alltägliche Aufgaben – deine Vorstellungskraft ist eines der besten Motivationsinstrumente.

Aber Motivation ist mehr als ein kurzes, künstliches Aufputschen. Es ist eine Philosophie zu leben. Entweder du gehst mit motivierten Gefühlen durch dein Leben oder eben nicht. Am Anfang ist das Antriebssystem aus Schmerz und Freude eine gute Krücke. Aber auf Dauer brauchst du natürliche Motivation, die aus deinem Inneren kommt.

Es wäre extrem mühsam, sich immer wieder künstlich motivieren zu müssen! Echten Antrieb schenkst du dir nur mit Leidenschaft für eine Sache. Du brauchst ein vom Herzen kommendes, großes Ziel – das ist es! Dann entsteht Motivation, ohne dass du darüber nachdenken musst. Du wirst nicht mehr »müssen«, sondern »dürfen«!

Es braucht ein großes, unwiderstehliches »Warum«. Du musst einfach wissen, wofür du all die Anstrengungen auf dich nimmst. Ein solcher echter Grund kann weit mehr Antrieb geben als das Ziel selbst! Du kannst dir noch so atemberaubende Ziele setzen, wenn kein »Warum« dahinter ist, wirst du kein einziges davon erreichen.

Was du von dir selbst hältst, siehst du daran, was du von dir selbst verlangst

Die Leidenschaft für eine Sache bricht den Damm in dir. Die Motivationsenergie fließt, die dich Berge versetzen lässt. Wenn du dein Zielprojekt so gern hast wie dein eigenes Kind, kann passieren, was will – du wirst es nicht opfern. Entschlossenheit ist gut. Entschlossenheit und Begeisterung machen unbesiegbar!

Die Liebe zu deiner Aufgabe wird es schaffen, dass du immer mehr machen wirst als notwendig. Das sind die berühmten zusätzlichen zehn Prozent an Leistung, die die Elite vom Durchschnitt unterscheidet. Du gibst nicht nur dein Bestes, sondern vor lauter Begeisterung noch zehn Prozent mehr. Und das wird Früchte tragen!

Nur wenn du bereit bist, dieses Extra an Leistung zu bringen, wirst du erfahren, wie gut du wirklich sein kannst. Wenn du glaubst, dass nichts mehr geht, dann raff dich noch einmal auf und gib alles, was du hast. Mach es zu deinem Credo, stets 110 Prozent zu geben – nur so wirst du dich entwickeln. Finde dein großes »Warum« im Leben und lass dich von ihm anstecken! Ganz automatisch wirst du so immer mehr Motivation bekommen. Dann wirst du auch gerne die zusätzlichen zehn Prozent geben. Du bist dir das einfach schuldig! Es gibt schon genug Menschen, die ausbrennen, ohne jemals Feuer gefangen zu haben.

Die ideale Lösung für begeisterten Antrieb ist es, eine große Herzensaufgabe zu haben. Nur lässt das Leben einen solchen Umschwung nicht immer sofort zu. Das heißt aber nicht, dass du deshalb auf motivierte Gefühle verzichten musst. Egal, in welchen Umständen du gerade lebst, mach dir klar: große Gefühle sind dein Geburtsrecht!

Es gibt ein Sprichwort: »Aller Anfang ist schwer, bevor es leicht wird.« Stimmt! Denk nur daran, wie schwer es war, Auto fahren zu lernen. Heute? Alles kein Problem! Alles wird mit der Zeit zu einem unbewussten Programm. Genauso eben auch die 110-Prozent-Methode. Auch wenn es am Anfang noch so hart ist – halte durch!

Mach dich zu dem, der du sein kannst. Ein Mensch, der deinen ganzen Respekt und deine Wertschätzung verdient. Schließlich musst du mit dir selbst gut leben können. Von der ersten wachen Minute am Morgen bis zum Schlafengehen. Du hast die Wahl: Du kannst dir selbst der größte Freund, aber auch der größte Feind sein. Viele reden von ihren großen Träumen, als ob es sie gar nichts anginge – null Begeisterung! Motivation hängt mit Bewegung, Elan und Schaffenskraft zusammen. Du musst so hellauf begeistert von deiner Sache sein, dass du jeden, den du triffst, unweigerlich ansteckst. Nur so gibst du deinem ganzen System das endgültige Startsignal.

Eine Frage: Wartest du auf einem bestimmten Gebiet schon Jahre auf den ersehnten Erfolg? Kann es sein, dass du noch nicht voll hinter der Sache stehst? Oder zweifelst du daran? Mit Halbherzigkeit gewinnst du keine Schlachten. Schüttle deinen Zweifel ab und steigere dich in eine regelrechte Besessenheit hinein!

Eines ist sicher: Wenn du jeden Tag so lebst, wird die Welt auf dich aufmerksam werden! Solche Menschen kann man gar nicht übersehen. Sie fallen sofort auf, weil sie eine eigentümlich faszinierende Ausstrahlung haben. Man spürt, dass diese Menschen sich alles abverlangen. Und das beeindruckt jeden.

Wer solche Menschen kennenlernt, will auch so werden wie sie. Damit fordern Enthusiasten nicht nur sich selbst – sondern sie strahlen etwas aus, das auch ihre Mitmenschen dazu anspornt, über sich selbst hinauszuwachsen. Motivierte Menschen sind also ganz automatisch Vorbilder. Sie führen auf allen Gebieten.

Ihnen gelingt alles - und das, ohne sich groß anzustrengen! Sie sind geschätzte Führungspersönlichkeiten, begeistern andere für ihre Ideen, gewinnen Financiers und haben mehr Freunde als andere. Es ist auch gar nicht so schwer, so zu werden wie sie: Entzünde das Feuer in dir und sorge dafür, dass es nie mehr ausgeht.

Die Ausstrahlung eines Gewinners kann sich jeder zulegen. Sie zeigt ja nur, welchen Grad an Leistungsbereitschaft und Lebensfreude du in dir hast. Sobald du das weißt, ist Ausstrahlung auch kein Geheimnis mehr. Perfektioniere sie: Stimme, Körpersprache – einfach alles in dir muss ausstrahlen: Ich bin voller Liebe zum Leben!

Diese Lebensenergie ist ansteckend. Einmal in die Umgebung gesetzt breitet sie sich unaufhaltsam aus – sie erfasst jede und jeden. Das Geheimnis charismatischer Menschen ist nicht ihre Intelligenz oder ihre Redegewandtheit. Es ist ihre faszinierende Ausstrahlung, ihr Enthusiasmus, dem sich niemand entziehen kann.

Mach es zu deiner Pflicht, Impulse zu setzen und andere mitzureißen. So viele sehnen sich nach einem Leben mit Sinn und Leidenschaft. Und warum solltest nicht genau du derjenige sein, der andere »wach küsst«, ob als Vorgesetzter, Familienvater oder Freund. Jeder lässt sich gerne mit der Liebe zum Leben anstecken.

Nicht, dass du fällst, zählt - nur, dass du sofort wieder zurückfederst.

Der ärgste Feind eines frisch angefachten Feuers ist das Gefühl der Niederlage. Ein Beispiel: Wenn jemand im Lokal lange nicht bedient wird, und dann zornig aufspringt und geht, tut er ja nur sich selbst nichts Gutes. Auch wenn er damit bestrafen wollte – auf einer unbewussten Ebene empfindet er trotzdem ein Gefühl der Niederlage.

Viele erleben solche eingebildeten Niederlagen mehrmals am Tag. Von der unterbrochenen Gesprächsverbindung über die leere Druckerpatrone bis hin zum versäumten Taxi - ein Misserfolg jagt den anderen. Schotte dich gegen solche Gefühle ab! Es gibt nämlich kaum etwas, das sich schädlicher auf deine Motivation auswirkt. Erhalte dir deine Motivation, indem du jederzeit Herr über dein

Denken und Fühlen bleibst. Auch wenn eine Situation in eine Niederlage auszuufern droht, entspanne dich und sage dir, dass du das schon schaffen wirst. Alles besser, als gleich aufzugeben. Baue um dich herum ein Schutzschild gegen schlechte, demotivierende Gefühle.

Es gibt einen einfachen Trick, die Motivation aufrecht zu erhalten: Die Drei-Tage-Regel. Die Erfahrung hat gezeigt, dass wir spätestens alle drei Tage ein Erfolgserlebnis brauchen - das gibt frischen Schwung. Gönne dir zwischendurch immer wieder eine kleine Belohnung. Tust du das nicht, bist du irgendwann ausgebrannt.

Wie funktionierst du selbst in dieser Hinsicht? Mach dir klar: Wenn du dir jede Genugtuung verbietest und von einem Erfolg zum nächsten hastest, stirbt deine Motivation irgendwann. Persönliche Höchstleistung funktioniert auf Dauer eben nur, wenn die guten Gefühle nicht zu kurz kommen. Merk's dir: Erfolg ist zum Genießen da!

Wenn du einen Zwischenerfolg geschafft hast, gönn dir etwas Schönes! Egal was du dir wünschst, erfülle es dir! Wenn du alle drei Tage für eine kleine Auszeichnung sorgst, wird dich allein schon die Vorfreude auf die nächste Belohnung wieder neu motivieren. So bringst du deine Leistungsausbeute auf ein absolutes Maximum.

Nun zu einer der wirksamsten Motivationsmethoden: den Mobilisatoren. Sie schaffen es, dich auch dann zum Arbeiten zu bringen, wenn du einmal überhaupt keine Lust dazu hast. Denn großer Herzenstraum hin oder her – manchmal sind auch lästige Aufgaben zu erledigen. Da ist es gut, wenn du dich jederzeit voll motivieren kannst.
Für viele ist diese Selbstmotivation jedoch extrem anstrengend. Kaum jemand weiß, dass es im Gehirn eines jeden Menschen so etwas wie

Knöpfe gibt, die man nur zu drücken braucht und schon ist man von 0 auf 100. Das sind die Mobilisatoren: Denk- und Gefühlsgewohnheiten, die du nur aktivieren musst, und schon explodierst du!

Für manche spielt der Mobilisator »Herausforderung« eine große Rolle. Wenn man zu so jemandem sagt, dass er etwas nicht schafft, dann zeigt er es der ganzen Welt - vermutlich eine Prägung aus der Kindheit wie: »Das schaffst du nie!« Solche Menschen wollen sich ständig beweisen – auch wenn sie schon lange niemand mehr unterschätzt.

Keine Frage: Die Balance muss gewahrt bleiben. Wir wollen keine Übermotivation züchten. Nur: es gibt eben Auslöser in der Psyche eines jeden Menschen, die sofort zu Höchstleistungen ansporn. Mobilisatoren sind bei jedem Menschen anders geartet. Was für den einen pure Motivation bedeutet, ist für den anderen reinstes Gift.

Finde heraus, welche Mobilisatoren dich zur Höchstform auflaufen lassen! Welche Umstände aktivieren in dir Denk- und Gefühlsmuster, die dich anstacheln? Denk darüber nach, wie das bisher bei dir war, und nutze diese Programme ganz bewusst! Wenn du dich einmal lustlos fühlst, genügt ein »Knopfdruck« und schon geht's los!

Kein Mensch kann Tag und Nacht hochmotiviert sein. Jeder wird schwächere Phasen haben. Gerade dann ist es ideal, wenn du weißt, wie deine Schnellstraße zum Ziel »Motivation« verläuft. Egal, was dich auf Touren bringt – banal oder skurril – du musst nur endlich herausfinden, was es ist!

So findest du deine Mobilisatoren

Denke zunächst an einen deiner Erfolge aus deiner Vergangenheit, bei dem du weit über dich selbst hinausgewachsen bist. Danach analysiere genau: Was hat alles zu diesem Triumph beigetragen? Jedes noch so kleine Detail ist wichtig! Denk genau nach und schreibe alles auf, was dir einfällt.

Das ergibt eine Menge Details, die dir klar machen werden, wie du Motivation erzeugst. Diese kannst du dann in verschiedene Kategorien einordnen. Grob gesprochen gibt es mehrere Typen an Mobilisatoren. Ordne jedes Detail einem dieser Typen zu. Wenn das getan ist, hast du so etwas wie dein persönliches Dopingprogramm.

Hinter diesem Prinzip steckt ein einfacher Grundgedanke: Wenn ein Sportler in zwei von fünf Wettkämpfen seinen eigenen Rekord bricht, dann hängt dieser Erfolg vor allem mit bestimmten Musterprozessen zusammen, die sich von selbst aktiviert haben. Nur so konnte der Athlet über seine eigene Bestleistung hinauswachsen.

Mit deinen Mobilisatoren hast du dein persönliches Motivationsrezept entdeckt. Das heißt: Es gibt keine Entschuldigung mehr dafür, dass du dich lasch fühlst! Die wirst du auch nicht mehr brauchen. Du wirst dein Leben einfach so ausrichten, dass sich deine Mobilisatoren möglichst oft von alleine aktivieren. Dann schaffst du alles mit Links.

Aber Achtung: Es reicht nicht, nur drei Viertel deiner »Zutaten« einzubringen, um deine Mobilisatoren zu aktivieren. Wenn du für einen Kuchen nur drei Viertel der Zutaten nimmst, wird auch nichts daraus. Und genau so ist es bei der Motivation: Du musst den Vorgang in der richtigen Reihenfolge kennen und ihn genau so durchziehen.

Nun werden aber trotz der Kenntnis deiner Mobilisatoren Tage kommen, an denen du einen Rückschlag erleben wirst. Und genau in solchen Zeiten des Sturms trennt sich die Spreu vom Weizen. Dann stellt sich die Frage, ob du deine Mobilisatoren aktivieren kannst oder nicht. Am besten du bereitest dich schon heute mental darauf vor.

Schreibe einige Situationen auf, in denen du bewiesen hast, was in dir steckt - wo du dich buchstäblich selbst übertroffen hast. Wann hast du mehr geleistet, als du es dir selbst zugetraut hättest?

Aber Achtung: Nicht der Vergleich mit anderen ist hier ausschlaggebend - es zählt nur die Erfolgsdimension für dich selbst. Selbst wenn du beim Halbmarathon als Letzter ins Ziel kommst, dabei aber deine persönliche Bestzeit überboten hast, gehört das natürlich unter die Rubrik deiner größten Erfolge. Also: An welche Triumphe wirst du dich voll Stolz ein Leben lang erinnern?

Auf Dauer hilft nur Power

Mit dem Grad der Motivation steht und fällt ein Projekt. Aber wenn du glaubst, erst in der richtigen Stimmung sein zu müssen, um loslegen zu können, liegst du falsch. Es geht nicht um deine gefällige Stimmung! Nur darum, dass du einmal einen Anfang machst. Aktion erzeugt Motivation! Oder: Der Appetit kommt beim Essen.

Deshalb: Spring einfach ins kalte Wasser, denn das kalte Wasser wird nicht wärmer, wenn du später springst! Und wenn es ein Gefühl der Unsicherheit gibt? Dann tu einfach so, als ob du dich absolut sicher fühlen würdest! Warte nicht erst auf die richtige Stimmung. Handle – auch ohne Lust zu handeln! Du wirst sehen, dass die Lust dich zu finden weiß.

Denke immer daran: Was bei dir funktioniert, funktioniert auch bei anderen. Viele Chefs versuchen, ihre Mitarbeiter mit »Allerwelts- strategien« zu motivieren, wobei sie übersehen, dass sie Individuen mit verschiedenen Eigenschaften vor sich haben. Du weißt jetzt, dass jeder Mensch auf etwas Anderes anspringt!

Eine Empfehlung noch: Verbünde dich mit deinem Lebenspart- ner! Es tut gut, wenn dich dein Partner voll unterstützt und deine Ziele respektiert. Wenn dich der Mensch, den du liebst, nicht ernst nimmt, oder vielleicht sogar an dir herumnörgelt, kannst du gleich wieder einpacken. Das vernichtet sofort jede Motivation.

Erzähle deinem Partner von deinen Plänen und bitte ihn um Un- terstützung. Ein aufmunterndes Wort wird dir in Phasen, in denen es dir nicht so gut geht, mehr Schwung geben als alles andere. Wir dürfen den emotionalen Einfluss aus nächster Umgebung nie un- terschätzen! Besser mit doppelter Kraft voraus!

Die Menschen sollen dich in Zukunft als jemanden kennen, der vor lauter Lebensfreude und Tatendrang nur so sprüht! Wichtig ist, dass du die befreiende Kraft der echten Motivation so oft wie mög- lich in dir selbst spürst. Dieses Gefühl kann süchtig machen! Es ist ein Rausch, mit dem du jeden deiner Träume wahr machen kannst.

➲ Element: Metaphysik

Bei dem nächsten Element mag ich dich fragen: Hattest du schon mal das Gefühl, dass manche Zusammenhänge einfach kein Zufall sein können? Dass sich Lebenspfade auf eine Weise kreuzen, die dir ungeheuerlich erscheint?
Lass uns einen Blick auf die Erklärung hinter der Erklärung wer- fen, weg von der Logik, weg von der Ratio, sondern eine Ebene

höher. Warum ergibt sich unser Leben so, wie es sich ergibt? Wir sind mehr als nur das Zusammenspiel unserer Atome. In diesem Element wollen wir diese Gegebenheiten untersuchen.

Versuche dazu dein Leben mit anderen Augen zu sehen, weg von der Froschperspektive am Boden, hinauf zu einer völligen neuen Sichtweise. Erweitere dein Bewusstsein, indem du die großen Zusammenhänge erkennen möchtest. Mehr Bewusstsein führt auch zu mehr Intelligenz.

Nicht die herkömmliche Intelligenz ist gemeint, die dir dabei hilft, Mathematikaufgaben zu lösen, sondern eine universelle Intelligenz, die dir zu einem größeren Verständnis für den Ablauf der Welt verhilft.

Erfolg wird immer auch davon abhängen, ob man im Leben mehr richtige oder falsche Entscheidungen trifft. Und das wiederum ist nur eine Frage des richtigen Überblicks. Was unsere Gesellschaft dringend braucht, sind Menschen, die sich nicht auf irgendwelche althergebrachten Denkschemata verlassen, sondern imstande sind, selbstständig zu denken. Menschen, die das hinterfragen, was allgemein gedacht und gesagt wird und sich ihre eigene Meinung bilden. Zu diesen Menschen solltest auch du zählen. Fortschritt bedeutet, dass von etwas Bestehendem fortgeschritten wird. Also weg vom Alten, hin zum Neuen. Denken wir an Galileo Galilei - er hat eine These aufgestellt, die so unerhört war, dass man schon den Scheiterhaufen angezündet hat: Die Erde dreht sich um die Sonne. Heute weiß das jedes Kind.

Oder: Vor 200 Jahren kannten die Menschen außer dem sichtbaren Licht nichts. Heute wissen wir, dass es viel mehr unsichtbare Strahlen und Wellen rund um uns gibt. Zwar waren diese immer schon da, aber erst in den letzten beiden Jahrhunderten haben wir Geräte entwickelt, um sie »sehen« zu können. Fazit: Glaub nicht nur das, was du siehst.

Jede Zeit hat ihren fixen Wissensbereich. Alles, was damit nicht zusammenpasst, gilt für viele einfach nicht. Dabei: Wir alle lachen heute über die »Experten« aus dem Mittelalter. Und glaubst du nicht, dass sich die Wissenschaftler in 100 Jahren über unser beschränktes Denken von heute amüsieren werden? Das Wissen wächst ständig.

In einer Welt, die so perfekt geordnet ist, kann es einfach keine Zufälle geben. Zwar gibt es schon einige Menschen, die diese These verbreiten, aber die meisten davon haben nicht wirklich eine Ahnung, warum sie diesen Standpunkt vertreten.

Jahrhundertelang hat man uns beigebracht, die Welt bestehe aus fester Materie. Dass wir in einer für alle gleichen Welt leben. Daran glauben die meisten Menschen. Aber jetzt kommt's: Diese Welt gibt es gar nicht! Es gibt sie nicht - diese objektiv »feste« Welt. In Wahrheit ist alles nur Energie und Schwingung.

Mit der Quantenphysik hat alles begonnen: Sie hat herausgefunden, dass etwas sowohl als Teilchen, als auch als Schwingung betrachtet werden kann. Das, was wir vor uns haben, ist eigentlich keine Materie, sondern Schwingung. Alles scheint nur fest und solide zu sein. Das war eine absolut revolutionäre Erkenntnis!

Erinnern wir uns zurück an den Physikunterricht: Alles, absolut alles auf dieser Welt, besteht aus Atomen. Ein Atom hat einen Atomkern. Und rund um diesen Kern rasen Elektronen. Ein Elektron ist etwa 2000 Mal kleiner als der Atomkern in der Mitte. Zwischen den Elektronen und dem Atomkern ist nichts. Rein gar nichts, nur leerer Raum.

Wichtigstes Fazit: 99 % der Materie ist eigentlich leerer Raum. Du glaubst nur, dass du in einer »festen« Welt lebst, doch in Wahrheit ist das reine Illusion, die nur durch die enorme Geschwindigkeit der Elektronen zustande kommt – dadurch fühlt sich etwas erst fest an.

Tatsächlich ist alles nur Energie und Schwingung

Das ist noch nicht alles: Wenn man nur ein Elektron im Körper eines Menschen anhalten würde, wäre dieser Mensch einfach verschwunden. Genauso beim Universum: Nimm ein Elektron weg und es bricht in sich zusammen. Hier erkennst du ,mit welcher perfekten Ordnung die Welt organisiert ist. Darauf kannst du vertrauen.

Wenn alles nur Schwingung und Energie ist, dann bedeutet das auch, dass es eine objektive, für alle gleiche Welt nicht geben kann. Die Welt ist immer vom Betrachter selbst abhängig; sie ist so, wie sie jemand sehen möchte. Alles nur eine Frage der Darstellung im Kopf. Wie sagt man so schön: Die Welt ist das, was du von ihr denkst.

Und wenn wir die Welt mit unserem Denken schon selbst gestalten können, dann ist sie auch von sich aus weder gut noch schlecht. Du alleine bestimmst die Farbtöne. Wenn du diese Zusammenhänge erst einmal verinnerlicht hast, wirst du spüren, welche unglaubliche Macht du damit in den Händen hältst – Macht über deine ganze Welt. Ein Meter wird natürlich ein Meter bleiben, egal, wie du ihn anschaust. Aber hier geht es nicht um Messgrößen, sondern um den Eindruck, den die Dinge bei deinen Gefühlen hinterlassen. Aus deinen Gefühlen heraus entsteht nämlich erst deine persönliche Realität. Es gibt keine Wahrheit für alle -Wahrheit ist nur ein Gefühl.

Alles, was du für wahr erachtest, ist auch wahr – für dich. Du entscheidest, wie du die Dinge siehst. Probiere es aus: Ändere dein Denken über einen bestimmten Menschen und halte es geändert – egal was kommt. Vielleicht wird sich deshalb nicht gleich morgen alles ändern. Aber mit ein bisschen Geduld wirst du wahre Wunder erleben.

Und wenn du dir jetzt denkst: »Ein Mensch bleibt, was er ist – daran gibt es nichts zu rütteln!« – dann hast du damit vollkommen recht. Denn: Was immer du denkst, so wird es auch für dich sein. Die Welt, andere Menschen, deine Möglichkeiten – alles die Resultate deines Denkens. Also: Schaffe dir eine Welt, in der es sich gut leben lässt.

Den wichtigsten Grundsatz noch mal: Die Welt ist das, was du von ihr denkst. Deine Kollegen sind das, was du von ihnen denkst. Dein Partner ist das, was du von ihm denkst. Sogar du selbst bist das, was du von dir denkst. Eine faszinierende Macht, dieses Denken. Du kannst damit deine ganze Welt verändern. Nutze diese Macht!

Der nächste Lernschritt: Jede Aktion, die du setzt, erzeugt eine gleichwertige Gegenreaktion. Das ist reine Physik. Wenn du einen ein Kilo schweren Sack ins Wasser legst, wird dieser das Wasser mit der Kraft eines Kilos verdrängen. Aktion führt zu Reaktion. Und genau dieses Prinzip lässt sich auch auf den geistigen Bereich übertragen.
Das heißt also: Deine Gedanken können nicht nur deine innere Welt beeinflussen. Sie haben auch genauso mächtige Auswirkungen

auf deine äußere Welt. Wenn alles auf dieser Welt Schwingung ist, dann trifft das auch auf deine Gedanken zu. Wenn du also einen Gedanken denkst, setzt du damit ein ganz bestimmtes Energiepotential frei.

Am besten, du stellst dir den Menschen wie einen Sender vor, der mit jedem Gedanken Energie in die Welt setzt. Und ganz wichtig: Energie kann nicht einfach verloren gehen. Auf das Denken eines Menschen bezogen heißt das, dass auch ein Gedanke nicht einfach so verschwinden kann. Was du auch denkst – es bleibt erhalten.

Was passiert aber nun mit deinen Gedanken, wenn du sie erst einmal losgeschickt hast? Sie kehren als Wirkung zu ihrer Ursache zurück. Stell dir nur vor, was das bedeutet: Alles, einfach alles, was du denkst, kommt irgendwann irgendwie in dein Leben zurück. Das ist quantenphysikalisch astrein bewiesen. Gib also darauf Acht, was du denkst!

Sobald du dein Denken änderst, ändert sich auch die Qualität der Energie, die du in die Welt hinausschickst. Diese wird zu anderen Reaktionen und damit gleichzeitig auch zu einer anderen Zukunft führen. Positives Denken ist also nicht nur Schönfärberei – im Gegenteil: dahinter steckt ein handfestes physikalisches Prinzip.

Noch einmal: Jede Aktion erzeugt eine Reaktion. Wenn du dich zu jemandem unfair verhältst, dann schickst du negative Energie hinaus. Dieser »negative« Energiekörper wird zu dir zurückfinden – in welcher Form auch immer! Du musst endlich verstehen, dass du alles in deinem Leben selbst verursachst – durch dein eigenes Denken. Manchmal ist dieses Aktions-Reaktions-Prinzip offensichtlich: Wenn sofort eine Reaktion eintritt, ist der Zusammenhang schnell klar. Oft vergeht aber auch viel Zeit, bis es zu einer

Reaktion kommt. Mit dem Resultat, dass wir uns schwertun, die Sache mit dem Ursprung in Zusammenhang zu bringen. Was bleibt uns? Wir sprechen von Zufall.

Der Kosmos kennt keine Zufälle. Alles läuft vollkommen logisch und mit System ab. Nach jeder Aktion kommt die passende Reaktion. Dem Universum ist es egal, wie wir Menschen das nennen – gerecht oder nicht. Es ist einfach so – völlig wertfrei. Das ist ein Gesetz, das du verstehen und endlich akzeptieren musst.

Das Leben ist präzise: Wenn du betrügst, wirst du selbst betrogen. Wenn du über jemanden schimpfst, werden die Leute auch über dich schimpfen. Der Umkehrschluss: Wenn du gut über andere sprichst, sprechen die anderen auch gut über dich. Freue dich über den Erfolg anderer und du wirst dich bald über deinen eigenen freuen können.

Eines Tages werden die Wissenschaftler auch die Gedankenenergie eines Menschen messen können. Und dann wird man schon sehen, dass es viel mehr gibt, als wir jetzt noch verstehen. Aber auch wenn du dieses Prinzip heute noch nicht genau nachvollziehen kannst – wende es trotzdem an. Steuere dein Schicksal mithilfe deiner Gedanken!

Die Konsequenzen von Aktion und Reaktion sind genial: Wenn jemand schlecht über dich spricht oder dich betrügt, dann wirst nicht du den Schaden davontragen, sondern er! Warum also an Rache denken? Das erledigt sich sowieso von alleine. Aber auch umgekehrt: Wünsch anderen nur das Beste – und es wird nicht ohne Wirkung bleiben. Mein Lieblingsspruch dazu: »Es wünsch mir einer was er will, dem wünsch ich grad nochmal soviel.«
Wenn dieses Gesetz nur alle Menschen kennen würden! Dann wür-

de es auch niemanden mehr einfallen, Böses in die Welt zu setzen. Derjenige würde wissen: es fällt auf ihn oder sie zurück. Such dir also aus, was du vom Leben erwartest – Gesundheit, Glück, Wohlstand – und dann wünsche es jedem, dem du begegnest.

Dabei spielt räumliche oder zeitliche Distanz keine Rolle. Beim Denken gibt es keinen Raum. Jedes Atom ist wie jeder Gedanke auch irgendwie miteinander verbunden. Das ist ebenso eine Erkenntnis aus der Quantentheorie. Kurz gesagt: Es gibt in der großen kosmischen Ordnung nichts Trennendes. Alles ist miteinander verbunden, alles ist eins.

Es gibt also weder eine Trennung zwischen den Dingen noch zwischen den Menschen. Sogar einzelne Ereignisse sind nicht voneinander loszulösen. Egal wie viel Raum und Zeit auch dazwischen liegen mag, alles ist über Antimaterie miteinander verbunden. Physikalisch gesehen können wir uns gar nicht isolieren. Das ist die Realität.

In Wahrheit hat diese Erkenntnis das Zeug, alle Probleme der Menschheit zu lösen. Denn die meisten unserer Probleme treten ja nur deshalb auf, weil wir die Dinge künstlich trennen: arm – reich, schwarz – weiß, Christen – Muslime - Juden. Trennung bedeutet immer Konflikt. Es gibt kein »gemeinsam« mehr.

Und nun stell dir einmal vor, was für eine schöne, freie Welt das wäre, wenn die Kinder von morgen lernen würden, dass nichts, was sie tun von ihnen loszulösen ist. Dann müsste man ihnen Verantwortung nicht mehr beibringen – sie würden sie ohnedies in sich spüren. Verantwortung der gesamten Schöpfung gegenüber.

Alles ist miteinander verbunden. Das heißt auch, dass deine Gedanken nicht nur Auswirkungen auf dein eigenes Leben haben, sondern auf alles in dieser Welt. Alles spielt irgendwie zusammen. Du gibst gedankliche Energien weg und löst damit irgendetwas aus. Erkennst du, welche Verantwortung du mit deinem Denken eigentlich hast?

Was immer in deinem Leben gerade ist – du hast es selbst verursacht. Wenn es etwas gibt, womit du unzufrieden bist, dann frag dich: »Wie habe ich bisher darüber gedacht?« Du bist die Ursache für das Leben, das du heute führst – du bist verantwortlich. Versteh das endlich und schicke nur noch hochwertige Gedanken von dir weg.

Etwas anderes: Hast du es schon einmal erlebt, dass du an jemanden denkst, den du lange nicht gesehen hast – und plötzlich ruft dieser Mensch an? Oder: Du summst eine Melodie, schaltest das Radio ein, und stellst fest, dass sie genau dieses Lied spielen? Vielleicht hast du auch exakt den Job, von den du immer geträumt hast. Alles Zufall?

Wir sagen, dass etwas ein Zufall ist, weil wir die großen Zusammenhänge nicht durchschauen. Du müsstest nur eine andere Perspektive einnehmen, und sofort würdest du auch erkennen, dass es sehr wohl immer einen Zusammenhang gibt. Das wäre schon eine ziemlich traurige Welt, in der alles nur vom Zufall bestimmt wird - oder?

In dieser Welt gehen einfach größere Dinge vor, als wir das heute begreifen können, so viel steht fest. So wissen wir eben heute Dinge, die vor 100 Jahren noch unvorstellbar waren -und trotzdem sind wir noch lange nicht am Ende unserer Entwicklung angelangt! Im Gegenteil: Mit unserem kleinen Wissen stehen wir erst am Anfang. Eines muss klar sein: Wir sprechen hier nicht von Menschen erfundenen Prinzipien, sondern von universellen Gesetzen. Das bedeutet: Wenn wir sagen, es gibt keinen Zufall, dann gilt dieses Gesetz für jede erdenkliche Situation des Lebens - ohne Ausnahmen. Wir können nicht nach Lust und Laune bestimmen, was Zufall ist und was nicht.

Wenn es den Zufall nicht gibt, dann würde das aber auch bedeuten, dass wir nicht zufällig irgendwo hineingeboren wurden. Es gibt für jeden von uns einen Plan. Wir haben einen Auftrag zu erfüllen, eine Bestimmung auszuleben, und dazu haben wir gewisse Rahmenbedingungen wie Eltern, Hautfarbe und so weiter mitbekommen.

Gehen wir einen Schritt weiter: Dieses Gesetz gilt auch über die Grenzen des Lebens hinaus. Durchaus möglich, dass die Reaktion von etwas, was du in diesem Leben tust, erst in einem späteren Leben eintrifft! Der Tod stellt in der Unendlichkeit des Kosmos kein Ende dar. So etwas kann nur uns kleingeistigen Menschen einfallen.

Denk an Folgendes: Wenn alles aus Energie besteht, und Energie nicht verloren gehen kann, bedeutet das doch auch, dass wir »unsterblich« sind. Eine physikalische Realität. Ein Eisklumpen schmilzt, wird Wasser und irgendwann Wasserdampf – und wieder neuer Regen, der gefrieren kann. Andere Form: ja – aber nichts stirbt im Kosmos.

Die Idee des Todes als endgültiger Schlusspunkt, nach dem alles vorbei ist, ist eine Idee von uns Menschen. Aber diese Vorstellung kann unmöglich richtig sein. Lebensenergie kann niemals zerstört, nur verwandelt werden. Alles andere wäre kleinkariertes Denken. In Wirklichkeit geht die Energie nur in eine andere Form über.

Vereinfacht gesagt: Wir legen beim Tod nur unseren sichtbaren

Körper ab. Der Geist, die Seele, der Astralkörper – nenn es, wie du willst – existiert weiter. Alles beginnt von vorn. Der Tod ist in Wirklichkeit eine (Wieder-)Geburt.

Das alles hieße aber auch, dass wir unsere Verantwortung noch weit über den »Tod« hinaus mitnehmen. Was du heute tust, wirkt sich vielleicht erst in einem nächsten Leben aus. Vielleicht gibt es Himmel und Hölle nur in einer anderen Form; du büßt erst in einem anderen Leben für etwas, was du heute falsch gemacht hast. Dementsprechend kannst du dich auch auf den Lohn für dein »redliches« Leben freuen. Wer weiß…

Erkennst du, wie groß und unfassbar die Welt rund um uns eigentlich ist? Jeder Mensch ist nicht mehr als ein winzig kleines Element im riesigen Kosmos. Ein kleines Rädchen, das das ganze übergeordnete System, in dem es funktioniert, nicht begreifen kann. Wie arrogant, zu glauben, dass wir schon alles verstehen! Ich weiß nur, dass ich nichts weiß.

Wir bilden uns einfach zu viel ein auf unsere Kopfintelligenz. Doch in Wahrheit ist das, was wir mit unserer Ratio verstehen, nur sehr wenig. Künstlich haben wir uns von der eigentlichen Quelle an Intelligenz mehr und mehr abgetrennt. Und trotzdem stellen wir uns frech hin und halten uns für die Krone der Schöpfung, die alles erklären kann.

Aber unser Kopfdenken ist viel zu einseitig.
Schau dir an, was es hervorgebracht hat: Kriege, Herrschsucht und Unterdrückung. Gut, wir können heute beinahe mit kleinen Robotern auf dem Mars landen, aber was hat uns das zwischenmenschlich gebracht? Die Probleme des Lebens sind nicht mit dem Kopf alleine zu lösen. Das unbegrenzte Leben braucht unbegrenztes Denken.

Zum Glück gibt es aber noch mehr als unser Kopfdenken. Eine zweite Wirklichkeit – das sogenannte Herzdenken. Dieses steht für das Unbegreifliche, für das, was wir mit unserem kleinen Kopfdenken niemals erfassen könnten. Hier meldet sich das Gefühl, die Intuition, die im Gegensatz zu unserer Ratio grenzenlos ist.

Wir vernachlässigen diese Form des Verstehens schon seit langer Zeit. Irgendwann haben wir die rationale und die emotionale Intelligenz voneinander getrennt, die eine gefördert und die andere für nichtig erklärt. Du musst endlich verstehen, dass dir ein Dasein ohne deine Herzensintelligenz nur die halben Möglichkeiten bietet. Auch das uralte Wissen über die großen Zusammenhänge des Universums, ist aus unserem Kulturkreis verschwunden.

Wo ist dieses uralte Wissen hin?

Es wurde verbrannt. In dreihundert Jahren Mittelalter wurden über fünf Millionen sogenannte Hexen auf dem Scheiterhaufen verbrannt oder auf grausame Weise zu Tode gefoltert. Wenn man sich überlegt, wie hoch die Bevölkerungsdichte damals war, bekommt man einen erschreckenden Eindruck von der Dimension dieser Massenvernichtung. Diese »wissenden« Menschen waren der herrschenden Klasse und Kirche ein Dorn im Auge. Mit dem Verschwinden dieser Menschen verschwand auch der Zugang zu diesem unglaublichen Wissen über die großen Zusammenhänge der Natur mit dem Universum. Meistens lebten diese Menschen abgeschieden und im Einklang mit der Natur. Hilfesuchenden und Kranken wurde gegen eine kleine Spende mit »Naturmedizin« und sagenumwobenen Methoden geholfen. Diese »Hexen« hatten noch eine funktionierende Verbindung zu den unbegreiflichen Fakten der Heilung durch die Kräfte der Natur und unsichtbarer Energien.

Alle Menschen werden mit dieser »Verbindung« geboren, nur werden diese Kräfte unbewusst und beim Heranwachsen sehr schnell verschüttet und die Verbindung reißt einfach ab. Das Kopfdenken und unser Ego haben gesiegt. Den Ruf des Herzens können wir nicht mehr vernehmen. Über dieses außerordentlich spannende Thema spreche ich bei Interesse meiner Seminarteilnehmer in meinen Coachingseminaren gerne etwas ausführlicher.

Lerne wieder, dich auch auf deine Intuition, auf die überbewusste Intelligenz in dir, zu verlassen. Denk mit deinem Herzen! So wirst du die Zusammenhänge auf dieser Welt nicht nur besser verstehen, sondern auch immer stärker in dir zu fühlen beginnen. Die Weisheit des Herzens kann alles – Probleme lösen und dich erfolgreich machen.

Noch mal die wichtigste Erkenntnis dieses Tages: Mit deinem Denken, erschaffst du dir dein ganzes Leben, deine ganze Welt. Jeder Gedanke ist ein Energiekörper, der sich verwirklichen wird. Mach dir deshalb klar: Du bist nicht Opfer deiner Gedanken – du bist deren Meister. Ab sofort wirst du nur noch positive Gedanken aussenden.

Behalte dein Wissen über die erstaunliche Macht von Gedanken aber nicht nur für dich – verbreite es.
Erzähl deinem Partner, deinen Kollegen und Freunden davon! Je mehr Menschen ähnliche Gedankenschwingungen haben, desto größer wird das Energiepotential einer Familie, eines Unternehmens oder eines ganzen Volkes.

Stell dir vor, 150 Mitarbeiter in einem Unternehmen haben dieselbe Vision: Hier summiert sich ein gewaltiges Energiepotential, das den

Unternehmenserfolg fast garantiert. Wenn aber der Großteil der Mitarbeiter negativ denkt, kann das Management machen, was es will – es wird keine Chance haben. Erfolg wird also buchstäblich erdacht.

Wenn Millionen Menschen den Gedanken der Freiheit denken, kann sogar so ein mächtiges Gebilde wie der Ostblock zusammenbrechen. Ein imposantes Werk potenzierter Gedankenenergie! Aber auch im Kleinen: Wenn eine Familie von morgens bis abends an ein gemeinsames Ziel denkt, wird sie es auch erreichen.

Welche Energien erzeugst du jeden Tag – mit deiner Familie, deinen Kindern, deinen Kollegen? Wohin bringt ihr euch mit euren Gedanken? Wir alle verfügen über den freien Willen. Das heißt: Wir können denken, was immer wir wollen. Und mit jedem Gedanken bestimmst du eben auch, welche Energien du freisetzt.

Jeder Gedanke strebt danach, sich zu verwirklichen. Je mehr Energie ein Gedanke hat, desto schneller wird er zur Wirklichkeit. Gedanken der Euphorie und Freude werden zu entsprechend positiven Ergebnissen führen. Gedanken der Angst und des Zweifels ebenso. Und wenn du es dir schon aussuchen kannst, dann denk doch positiv!

➲ Element: Selbstsabotage

Ziele und Motivation können deine Antriebskraft erheblich steigern. Eine weitere exzellente Methode, um voll durchzustarten, beschäftigt sich mit Bereichen, in denen du dich möglicherweise unbewusst selbst behinderst. Wenn man mit einem Fuß am Gas, mit
dem anderen auf der Bremse steht, nennt man das Selbstsabotage.

Manchmal scheint es wie verhext: Da gibt ein Mensch wirklich alles,
was er hat, aber irgendwie geht die Sache doch nicht auf. Oder: Jemand steht kurz vor dem Durchbruch – plötzlich lässt er Termine
platzen, behandelt andere gemein, oder tut sogar unrechtmäßige
Dinge. Das Ganze sieht zwar verworren aus – hat aber System.

»Achte und wertschätze dich selbst so sehr,
dass du sagen kannst: Ich verdiene Liebe, Frieden
und Freude. Löse dich von Dingen
und Menschen, die dich davon abhalten.«

(Michaela Walter)

Solche Menschen arbeiten auf bewusster Ebene tadellos. Nur unbewusst arbeitet eine Kraft gegen ihren Erfolg. Aber da steckt nicht Pech dahinter, sondern das eigene Denkverhalten. Wir bekommen immer das, was wir denken. Und genau dort müssen wir auch ansetzen, um unser Sabotageverhalten besser verstehen zu können.

Grundsätzlich gilt: Wir haben in unserem Leben alle verschiedenen Erfahrungen gespeichert. Es gibt schmerzhafte, aber auch schöne Erinnerungen. Es gibt aber auch Dinge, mit denen wir sowohl angenehme als auch unangenehme Gefühle assoziieren. Kein Wunder also, wenn uns in diesem Punkt kein klarer, geradliniger Kurs gelingt.

Beispiel Erfolg: Die meisten verbinden mit »Karriere« positive Begriffe wie Geld und Ansehen. Einige könnten damit aber auch Schmerzhaftes in Verbindung bringen. Sie fürchten, dass sie, wenn sie erst einmal erfolgreich sind, immer weniger Freunde haben werden. So denken sie unbewusst: »Lieber versagen!« oder »Zu einem Versager sind die Menschen viel eher nett«. Sicher ist: Sobald so ein Mensch auch nur in die Nähe von etwas Erfolgsversprechendem kommt, wird irgendetwas »passieren«. Natürlich nicht absichtlich, aber das Unterbewusstsein sorgt dafür; es will nämlich keinen Erfolg.
Denken wir an die, die nichts von sich selbst halten. Da passiert etwas Gutes in ihrem Leben und was glauben sie? Dass sie es eigentlich gar nicht verdienen! Manche fühlen sich sogar richtig unwohl dabei. Glück ist für sie etwas Fremdes. Unbewusst werden sie deshalb alles dafür tun, diesem Zustand bald wieder ein Ende zu setzen. Das alles passiert auf einer unbewussten Ebene. Und gerade das macht es auch so schwer, dagegen anzukämpfen. Vergessen wir nicht: Das Unterbewusstsein regiert 95 % unserer Persönlichkeit. Das heißt: Viel mehr von Bedeutung als das, was du vordergründig denkst, ist das, was du auf einer tiefen Ebene glaubst.

Noch ein Beispiel: das liebe Geld. Die meisten wollen viel Geld haben. Aber irgendwo verbinden sie mit Reichtum ziemlich miese Dinge: Egoismus, Einsamkeit, Sorgen oder Stress. So kann niemand reich werden! Man kann auch sagen: Wir besitzen genau das, wovon wir tief in uns glauben, dass es richtig und gut für uns ist.

Merk dir eines genau: Wenn du zu einem Thema widersprüchliche Gefühle in dir hast, dann sitzt du in der Zwickmühle. Du willst etwas haben oder sein, aber irgendwie doch wieder nicht. Da sitzen zwei starke emotionale Kräfte in dir, die gegeneinander kämpfen. Klar, dass dich das lähmt und du keine klare Linie finden wirst! Auch die Kommunikation hat einen großen Einfluss darauf, welche Gefühle du in dir wachrufst. Du stehst vor einer Herausforderung: »Das schaffe ich! Aber was, wenn...« - wer seinem Leben derart zwiespältig gegenübersteht, darf sich nicht wundern, dass er nie das bekommt, was er sich wünscht. Du kannst alles schaffen, was du dir vornimmst. Einzige Voraussetzung: Du musst mit jeder Faser deines Seins dahinterstehen. Du musst ganz vernarrt sein in dein Vorhaben. Es reicht ein kleines, unbewusstes Veto, und du brauchst erst gar nicht anzufangen. Alles in dir muss stimmig sein und eindeutig in eine Richtung arbeiten.

Ein Grund für die Absurdität des Handelns: Unser Gehirn lernt zu schnell!

Woher kommt eigentlich diese innere Zwiespältigkeit? Unser Gehirn ist eine Lernmaschine, die alles in sich hineinfrisst, was ihr an Bezugserlebnissen unterkommt. Das bleibt natürlich nicht ohne Folgen. Nimm das Beispiel Partnerschaft: Die meisten verbinden damit positive Gefühle. Deshalb bemühen wir uns ja auch alle darum. Aber manchmal wird man eben enttäuscht, und die Liebe verlässt einen. Das tut weh! Und nachdem die Gefühle in so einer Phase sehr intensiv sind, speichert das Gehirn diese Erfahrung als extrem schmerzhaft. Erstmals entsteht die Gleichung: Partnerschaft ist gleich Schmerz. Positive und negative Assoziationen in einem Topf.

Nur logisch, dass so ein Mensch eine gewisse Zeit keine neue Beziehung anfangen möchte. Irgendwann legt sich der Schmerz aber wieder. Die Zeit heilt alle Wunden, und gibt den Weg für die verschütteten, positiven Prägungen wieder frei. So erwacht auch wieder die alte Sehnsucht nach einer neuen Liebesbeziehung.

Aber die Vergangenheit holt ihn ein: Trotz aller Verliebtheit meldet sich eine leise Stimme irgendwo tief drinnen: »Pass auf, die Liebe hat dir schon einmal sehr weh getan!« Menschen mit solchen widersprüchlichen Prägungen wollen zwar eine Partnerschaft, fürchten sich aber vor einer erneuten Enttäuschung.

Deshalb vollführen sie total absurde Manöver. Hin- und hergerissen zwischen Ja und Nein tun sie Dinge, die den anderen langsam, aber sicher vergraulen. Manche beenden die Beziehung auch, obwohl keine einzige Wolke am Himmel steht. Gewissermaßen vorbeugend. Sie wollen dem unausweichlichen Schmerz lieber zuvorkommen.
Du siehst: Widersprüchliche Assoziationen können einen Menschen ganz massiv sabotieren. In der Partnerschaft, im Beruf, im Alltag – solche Programme machen Erfolg unmöglich.

Leider tragen wir alle mehrere solcher Fehlprogrammierungen in uns, und deshalb schaffen es auch so viele nicht bis an die Spitze. Manchmal reicht es schon, dass wir uns ein schmerzliches Erlebnis nur vorstellen, und schon ist es als Bezugserlebnis abgespeichert. Du hörst ein Lebensdrama von jemand anderem – und schon ist es, als ob du es selbst durchgemacht hättest. Die Speicherung ist dieselbe. Du bist wieder in einem »Ja und Nein«-Dilemma gefangen.

Man hat Experimente mit Affen gemacht. Einmal gab es eine Futterbelohnung, einmal einen leichten Stromschlag. Die Tiere wurden mit widersprüchlichen Reizen so verwirrt, dass sie jede Orientierung verloren. Das Gehirn des Affen hatte keine Antwort mehr – es wusste nicht mehr, was tun. Ein Zustand der totalen Verwirrung.

Die Parallele zum menschlichen Denken liegt auf der Hand: Auch wir haben mit zu vielen Dingen mehr Schmerz als Freude gespeichert und befinden uns nur noch auf der Flucht vor diesen potentiellen »Elektroschocks«. Das Gehirn ist total verwirrt. Und so kommt es, dass wir keinen geraden, starken Weg nach vorne finden.

Doch merk dir eines: Nur du stellst die Verbindungen in deinem Kopf her. Du alleine bestimmst, welche Denkinhalte du in deinem Kopf akzeptierst, und welche nicht. Ganz egal, was in deinem Leben auch immer geschieht – nur wenn du selbst es willst, können sich diese Erlebnisse auch als feste Programme in dir einnisten.

Gibt es irgendein Thema, mit dem du viel Schmerz verbindest? Dann eliminiere dieses fehlerhafte Programm! Er steht dir bei deinem Siegeszug nur im Weg. Eine Beziehung ist in Brüche gegangen? Deshalb musst du nicht gleich alle in einen Topf werfen. Nur weil eine schmerzhaft war, müssen deshalb nicht alle schmerzhaft sein.

Sag dir: »Okay, diese Beziehung war nicht optimal, aber sie ist aus und vorbei! Was habe ich daraus gelernt? Was werde ich in Zukunft besser machen? Wie werde ich meine Erfahrungen umsetzen?« Du bist deinen fehlerhaften Programmierungen nicht machtlos ausgeliefert. Nur ein Befehl, und ein neues Programm kann entstehen.

Jeder Mensch hat unbewusste Blockaden in sich. Der erste Schritt, sie abzubauen, liegt darin, sie einmal zu erkennen. Woher kommen deine schmerzhaften Programmierungen? Erst wenn du das weißt, kannst du sie löschen und neue Verbindungen herstellen, die dich besser und schneller in Richtung deines Traumziels bringen.

Wenn jemand raucht, dann nicht mit der Absicht Krebs in seinem Körper zu züchten, sondern weil er seinem Gehirn irgendwann einmal beigebracht hat, dass eine Zigarette gegen Stress oder Langeweile hilft. Man wird also den Schmerz augenblicklich los und findet gleichzeitig auch noch Vergnügen daran. So hast du es dir angelernt.

 **Jeder Aktion – auch der absurdesten – liegt eine positive Absicht zugrunde. Wir versuchen immer etwas zu bekommen, was gut für uns ist. Niemand will sich schließlich absichtlich Schmerzen zufügen. Dieses Konzept musst du wirklich verinnerlichen: Alles, was du tust, entsteht aus einer positiven Absicht heraus**

Oder Menschen, die zu Alkohol oder Drogen greifen, oder stundenlang regungslos vor dem Fernseher sitzen – es liegt immer eine positive Absicht dahinter. Das Gehirn will uns etwas geben, von dem es glaubt, dass es gut für uns ist. Es hilft uns, Schmerzen zu vermeiden und Freude zu gewinnen. So funktionieren wir alle.

Dieses Wissen musst du verinnerlichen: Mit jeder Form von Selbstsabotage versuchen wir uns in irgendeiner Art dienlich zu sein. Sobald du das verstanden hast, wirst du die Wurzel deiner Sabotageakte viel leichter orten können. Allen liegt eine gute Absicht zugrunde - und genau die musst du finden.

Sogar Menschen, die sehr erfolgreich sind, agieren oft in Selbstsabotage. Da gibt es etwas, von dem sie wissen, dass es ihnen auf lange Sicht schaden wird. Aber der kurzfristige Effekt ist positiv – also machen sie es. Selbstsabotage ist etwas, durch das alle Menschen gehen. Kein Grund zur Verzweiflung also – nur ein Grund, es zu ändern!

Erforsche deine unbewussten Denkinhalte! Wahrscheinlich wirst du dabei auf viel Groteskes stoßen. Vielleicht schmollst du immer wieder grundlos, weil du irgendwann gelernt hast, dass dir dein Partner dann besonders viel Aufmerksamkeit schenkt. Was du willst, ist Liebe. Was tust du aber, um sie zu bekommen? Du zerstörst deine Partnerschaft.
Du musst dir der Absurdität dieses Programms bewusst werden: Man erhält keine Liebe, indem man andere dazu zu verpflichten versucht. Wenn du dieses System nicht durchschaust, wirst du deine Beziehung immer weiter zerstören – und all das nur für die Illusion von Liebe. Finde heraus, welche Sabotageakte du vollführst!

Die wichtigste Frage: »Welche positive Wirkung verspreche ich mir davon?« Dann finde einen besseren Weg, dieses Gefühl zu erzeugen. Du willst Liebe? Dann setze andere nicht unter Druck. Verhalte dich selbst liebenswürdig, und man wird auch dich lieben. So ist der Lauf des Lebens – was du gibst, bekommst du auch zurück.

Bis jetzt waren deine Denkverbindungen nur von deiner Automatik bestimmt. Zeit, die Sache selbst in die Hand zu nehmen! Viele Speicherungen passen gar nicht mehr in deine neue Zukunft! Erinnere dich: Du kannst jede Erfahrung neu bewerten, wie du es für angemessen hältst. Das heißt: Du kannst emotional umlernen.

Nur ein Idiot würde seine Zukunft von irgendeinem alten, negativen Denkmuster bestimmen lassen! Wirf die alten Assoziationen hinaus! Dabei ist es gut zu wissen, dass wir mit jeder beliebigen Erfahrung Schmerz oder Freude verbinden können. Neue Verbindung – neues Verhalten – nachhaltige Veränderung.

Sei aber auch vorsichtig vor überstürzten Rückschlüssen! Nur weil du hin und wieder zu einem Meeting zu spät kommst, heißt das nicht, dass du dich selbst sabotierst. Es könnte auch ganz banale Unachtsamkeit sein oder eine schlechte Angewohnheit. Versteif dich bloß nicht in ein Glaubensmuster, das vielleicht gar nicht vorhanden ist.

Vier einfache Schritte und hinderliche Denkinhalte sind für immer erledigt

Erster Schritt: Werde dir deiner negativen Programme bewusst. Was hält dich davon ab, deine Ziele zu erreichen? Du musst wissen, welche Absurditäten sich in deinem Kopf abspielen – nur so kannst du sie bekämpfen.

Zweiter Schritt: Welche positive Absicht versteckt sich dahinter? Welche Freude will dir dein Gehirn damit machen? Oder aus welchem Schmerz will es dich heraushalten? Beispiel: Du willst einen Menschen, der dich fasziniert, ansprechen, bringst aber plötzlich keinen Ton heraus. Logisch: Dein Gehirn will dich vor einer Abfuhr schützen!

Dieser zweite Schritt soll dir vor Augen führen, dass dein Gehirn immer für dich arbeitet. Es ist dein Freund, nicht den Feind. Es versucht, dich vom Schmerz fernzuhalten und dir Freude zu bereiten. Sei also zufrieden, es macht nur seine Arbeit. Und wenn du nicht magst, was es für dich tut, dann bring ihm ein neues Denkmuster bei!

Dritter Schritt: Hier geht es darum, Druck auf dich auszuüben! Zeig deinem Gehirn, welche schmerzhaften Folgen dein Verhalten haben wird. Sag ihm: Ich weiß, du willst mich nur beschützen. Aber wenn ich in meinem alten Job bleibe, wird mich das meine Gesundheit kosten. Lebenszeit ist unbezahlbar. Konzentriere dich auf den langfristigen Schmerz.

Schau dir einmal genau an, welche mitunter absurden Verhaltensweisen du manchmal an den Tag legst. Warum tust du das eigentlich? Was versprichst du dir davon? Sei ehrlich zu dir selbst. Nur so wirst du Schmerz mit deinem jetzigen Verhalten zu verbinden beginnen und schließlich auf intelligentere Wege zurückgreifen.

Mit der zweiten Antriebskraft, der Freude, kannst du den Druck auf dich selbst noch weiter erhöhen. Denk einfach an die angenehmen Folgen, die mit Sicherheit kommen werden, wenn du dir dein neues Verhalten angewöhnt hast. Das steigert die Sehnsucht. Gib deinem Gehirn beides: Schmerz und Freude – und du wirst Wunder erleben.

Vierter Schritt: Unterbrich das Muster, das in so einem Moment abläuft! Je radikaler, desto besser! Wenn du dich nach einem passenden Job umsiehst und merkst, dass du dich schon wieder zurückziehen willst, dann mach dich einfach über dich selbst lustig. Tu alles Mögliche, nur befreie dich vom vorgezeichneten Verhalten.

Wenn du ein bestimmtes Muster jedes Mal unterbrichst, wird es immer schwächer – und eines Tages ganz verschwunden sein. Dein Gehirn wird es nicht mehr aktivieren können. Zeit für den fünften Schritt: Verankere das neue Verhaltensmuster! Praktiziere es so oft wie möglich, bis es ein fest verankerter Teil von dir geworden ist.

Am schnellsten geht das mit den Beschleunigern. Beschleuniger können dir dabei helfen, deine Ziele – egal welcher Art – wesentlich rascher zu erreichen. Ihre Wirkung ist sensationell.

Das sind Beschleuniger

**Erstens: Idealisieren. Zweitens: Visualisieren.
Drittens: Verbalisieren. Viertens: Emotionalisieren.**

Der erste Beschleuniger: das Verbalisieren. Es geht um den Einfluss positiver Formulierungen auf dein Unterbewusstsein. Alles, was du dir immer wieder vorsagst, wird irgendwann zu deiner unbewussten Realität. Bestärke dich immer wieder. Das ist der beste Weg, um dich selbst zu übertreffen. »Ich schaffe das!« – eine der besten Verbalisierungen. Sag dir das 30, 50, 100 Mal am Tag vor – und du wirst immer stärker an diese Botschaft glauben. Du bekommst immer mehr Selbstvertrauen und wirst in allem, was du angehst, immer besser. Und je besser du wirst, desto mehr traust du dir zu. Ein Erfolgskreislauf.

Das Kernstück der Beschleunigungsmethode: das Emotionalisieren. Wir Menschen sind durch und durch emotionale Wesen. Alles, was wir tun und wollen, geschieht nur deshalb, weil es uns bestimmte Gefühle so diktieren. Das ist so! Das müssen wir akzeptieren. Besser noch: Wir nutzen diese Tatsache für unsere Zwecke aus!

Merke: je mehr Gefühl du in eine Vorstellung oder in eine Aussage legst, desto mehr Enthusiasmus wirst du in dir erzeugen, und umso schneller wird das, was heute noch ein Wunsch ist, zu deiner Realität. Eigentlich dreht sich alles nur darum, dass du das Gefühl, das du dir aus deinem Ziel versprichst, schon heute kostest.

Du willst eine gewisse Summe Geld verdienen? Dann schau dir schon heute dabei zu, wie du es genießt: ein schönes Haus, ein tolles Auto, viele Urlaubsreisen, schicke Kleidung – was auch immer.

Danach erzeuge all die Gefühle, die du haben wirst: Glück, Stolz, Dankbarkeit und so weiter. Versetze dich ganz in dein neues Leben.

Aber nicht nur deine unterbewussten Kräfte werden durch das Emotionalisieren aktiviert, sondern auch dein Überbewusstsein, also deine höheren geistigen Kräfte. Wann immer wundersame Dinge geschehen, für die du keine andere Erklärung hast, war dein Überbewusstsein im Spiel!

Du wirst staunen, was du alles auf die Beine stellen wirst, wenn du diese Beschleuniger immer wieder einsetzt! Dein Leben wird sich rasant entwickeln. Vergiss nur eines nie wieder: Du bist deinen alten Programmen nicht ausgeliefert. Du kannst sie jederzeit abwählen. Selbstsabotage war gestern. Ab heute sitzt du selbst am Steuer!

◆ **Element: Angst**

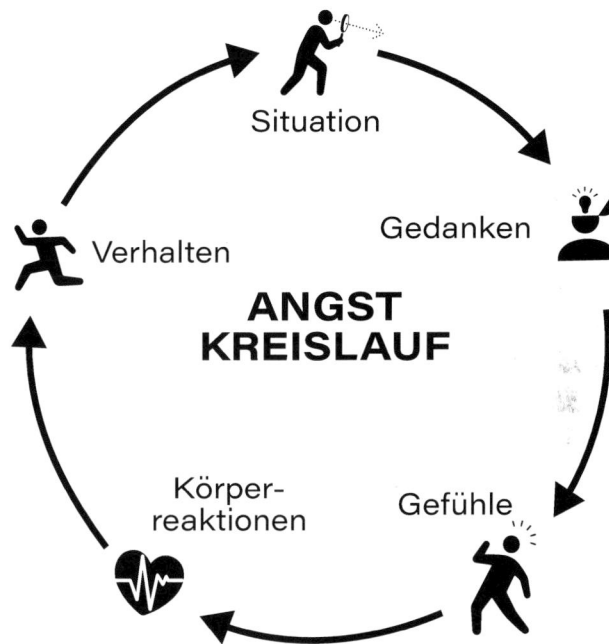

Misstrauen regiert unsere Welt. Eigentlich schade; heute wird hinter jeder Chance ein Haken vermutet. Die wenigsten glauben daran, dass sich auch aus ihrem Leben etwas Großartiges entwickeln kann. Und das nur aus einem Grund: Sie werden von ihren Ängsten beherrscht. Dabei gibt es keinen schlechteren Ratgeber.

In jedem Leben zerplatzen Träume. Das liegt in der Natur der Dinge. Man macht Fehler und schrammt an seinem Ziel vorbei. Die große Hoffnung und Begeisterung ist weg, der Frust ist da. Und natürlich merkt sich das Gehirn diesen Schmerz ganz genau. Die Lehre daraus: »Schuster, bleib bei deinen Leisten.«

Oder anders gesagt: Dein Gehirn will dich davon abhalten, noch einmal etwas Ähnliches zu erleben. Es versucht dich mit aller Kraft vor dem Schmerz der Enttäuschung zu beschützen. So kommt es, dass sich die meisten lieber mit dem Wenigen zufrieden geben, das sie haben. Über Glanz und Erfolg lesen sie lieber in der Zeitung.

Verstehe, welche Prozesse in deinem Denken ablaufen. Sonst wirst du dir mit der Zeit immer kleinere Ziele setzen – und irgendwann gar keine mehr. Mit minimalen Erwartungen an das Leben ist auch das Enttäuschungsrisiko geringer. Aber was auch stimmt: Auf diese Weise wirst du nie die Glückseuphorie am Ziel erleben.

Eigentlich absurd: Wir finden uns mit dem Mittelmaß ab, nur weil uns irgendwelche alten Angstprogramme beherrschen. Damit muss ein für alle Mal Schluss sein! Du hast Fehler gemacht? Na und? Steh auf und stell dich der nächsten Herausforderung!

Zwei Fragen:
Was willst du erreichen?
Und was bist du bereit, dafür zu tun?

Wir alle träumen davon, etwas Außergewöhnliches zu haben oder zu sein. Das verspricht fulminante Gefühle! Doch dazu musst du zuerst einmal raus aus deiner kleinen Schutzzone – hinaus in die große, reiche Welt. Mach dir klar: Du hast alles, was es zum Erfolg braucht. Du musst es nur endlich auch beanspruchen.

Die Gemeinsamkeit aller Erfolgsmenschen: große Träume! Sie alle haben irgendwann einmal eine Vision gehabt und sich dann mutig ihren Ängsten gestellt. Ein Traum wird nur dann zur Realität, wenn du auch dafür kämpfst. Heroischer Mut – das ist es, was du brauchst, um dein Leben auf ein neues Level zu bringen.

Schon vergessen? Es hat noch nie so viele Möglichkeiten für jeden Einzelnen von uns gegeben wie in unserer fantastischen Zeit! Alles geht – du wünschst dir was, und schon morgen kannst du es haben oder sein! Die Chancen sind in Fülle vorhanden. Du musst lediglich deine Ängste hinter dir lassen und zugreifen.

Mit besseren Ursachen kommst du zu besseren Ergebnissen. Wenn dir das, was du gerade lebst, nicht gefällt, dann setze neue Ursachen! Es wäre idiotisch, immer wieder dasselbe zu tun und sich ein anderes Leben zu erwarten. Nur Mut, und raus mit dir auf neues Terrain!

Viele haben schon lange keine großen, erfolgreichen Gefühle mehr erlebt. Vor lauter Angst wagen sie es nicht, etwas Neues auszuprobieren. Die starken Gefühle gibt es aber nur außerhalb unserer

Komfortzone. Auf diese Weise opfern viele wegen ein paar schlechten Erfahrungen ihre schönsten Träume. Ein einziges Trauerspiel.

Deshalb ist der Pessimismus auch die Volkskrankheit Nummer eins; die Ursache aller Negativität ist nur auf eine Reihe von Ängsten zurückzuführen. Die Menschen haben einfach Angst, sich für etwas zu begeistern und dann wieder einmal enttäuscht zu werden. Also bleiben sie vorsichtshalber lieber gleich pessimistisch.

Vergiss nicht: Jeder Mensch hat Träume, aber eben auch Ängste, die ihn zurückhalten. Sie alle warten darauf, dass jemand kommt und ihnen den entscheidenden Anstoß gibt. Und genau das soll eine deiner zukünftigen Aufgaben sein. Animiere deine Mitmenschen dazu, über ihre Grenzen zu gehen. Das wird auch dir Mut machen!

Solange du glaubst, dass große Träume zu Schmerzen führen, wird sich dein Leben nicht verbessern können. Wirklich groß wird nicht der, der keine Angst hat, sondern der, der sich von seinen Ängsten einfach nicht blockieren lässt. Das ist übrigens einer der wesentlichen Unterschiede zwischen Gewinner und Verlierer.

Ein bisschen Angst ist gar nicht so schlecht. Sie stimuliert und fungiert als Antrieb. Wenn du keine Angst verspürst, bevor du einen neuen Schritt setzt, so ist das nur ein Zeichen dafür, dass dieser Schritt einfach nicht groß genug für dich ist. Eine Spur Angst zeigt, dass du dabei bist, Grenzen zu überschreiten und zu wachsen.

Wichtig ist nur, wie du mit deiner Angst umgehst. Sie darf niemals die Kontrolle über dein Leben gewinnen. Sobald du merkst, dass in deinem Kopf nur noch mögliche Horrorszenarien in Bezug auf dein Vorhaben herumspuken, hast du auch schon verloren. Dann wirst du vor dem entscheidenden Schritt zurückschrecken.

Angst ist nur ein Gefühl wie jedes andere auch. Ihre Funktion ist es, deine Wahrnehmung zu schärfen, wenn Gefahren oder Schmerzen drohen. Dein Nervensystem ist darauf eingestellt, dich zu schützen, und im Notfall darauf vorzubereiten, die Flucht anzutreten.

Aber woher weiß dein Gehirn eigentlich, ob eine Situation bedrohlich ist oder nicht? Natürlich durch die unzähligen Speicherungen deines Lebens. Denk an das Beispiel vom Kind, das auf die heiße Herdplatte greift. Das Gehirn benutzt diese Erfahrung, um diesem Schmerz für alle Zeit aus dem Weg zu gehen.

Etwas konkreter: Immer dann, wenn wir eine intensive, schmerzhafte oder besonders lustvolle Erfahrung machen, fragt das Gehirn, was diese Gefühle verursacht hat. So schreibt es dem Auslöser eine von zwei Eigenschaften zu: Entweder »führt zu Schmerzen« oder »führt zu Lust«. Die Grundlage für zukünftige Entscheidungen!

Im Gehirn eines Erwachsenen existieren Millionen Speicherungen, die uns alle suggerieren, welche Gefühle wir in einer bestimmten Situation aktivieren sollen. Eine neue Situation – ein blitzschneller Vergleich. Kommt das Gehirn zu dem Schluss, dass es zu Schmerz führen könnte, wird sofort das Frühwarnsystem Angst in Kraft gesetzt.

Wir unterliegen also einer dauernden Zensur unserer eigenen Geschichte. Jedes Ereignis läuft zunächst einmal durch den Filter deiner bisherigen Erfahrungen. Das wiederum heißt: Unsere emotionale Reaktion wird nicht von der Situation selbst ausgelöst, sondern nur durch unsere antrainierte Interpretation der Welt!

Und du weißt ja: Deine Interpretationen lassen sich jederzeit ändern. Das ist auch notwendig. Denn wie oft verbindest du mit etwas große Angst, das diese Intensität überhaupt nicht verdient. Mach dir klar: Jede negative Speicherung kann diesen Angstkreislauf aktivieren. Deshalb gehören manche deiner Programme auch ausgemistet.

Da haben wir Speicherungen in uns, die nicht das geringste mit Logik zu tun haben. Einmal einen Korb bekommen? Die Zurückweisung dramatisiert? Und schon entsteht eine so massive Schmerzverankerung, die dein ganzes restliches Leben beeinflusst. Eine einzige Erfahrung nur, durch die ein Mensch vielleicht immer einsam bleibt.

War der Schmerz der Zurückweisung besonders groß, wird dieser Mensch nie wieder eine ähnliche Situation erleben wollen. Sein Gehirn hat den »Beweis« klipp und klar dokumentiert: Jemanden ansprechen bedeutet, einen Korb bekommen. Das Programm sitzt tief und löst in einer ähnlichen Situation sofort Angst oder Schüchternheit aus.

So wird jeder potentiellen Situation aus dem Weg gegangen. Was dazu führt, dass das ursprüngliche Erlebnis immer monströsere Dimensionen bekommt. Einfach, weil er keine Erfahrungen machen kann, die ihm das Gegenteil beweisen. So frisst die Angst langsam aber sicher die Seele auf. Alles nur wegen einer einzigen Prägung!

Eine gute Definition für Angst: »Unwahre Tatsachen, die real erscheinen.« Ist es nicht so, dass du schon oft Angst vor etwas gehabt hast, was dann nicht einmal passiert ist? Aber es passierte ja trotzdem. In deiner Vorstellung und in deinem Körper hast du den Schmerz so real erlebt, als ob es tatsächlich geschehen wäre. Wir wollen die Angst auch nicht pauschal loswerden – nur dort, wo sie uns im Weg steht. Lass dich von deinen Ängsten nicht gefangen halten. Besser, einmal den ganzen Schmerz bewusst und kontrolliert zu spüren, als seine Ängste ein ganzes Leben lang zu verdrängen. So werden sie nämlich zu wahren Monstern.

Wenn du Angststörungen hast, dann musst du sofort handeln, sonst werden sie sich unkontrolliert ausweiten und dein Leben immer enger machen. Stell dich den Dingen, die dir Respekt abverlangen – das ist der einzige Weg, deinen Respekt loszuwerden. Also: Hinaus mit dir ins Leben! Je abenteuerlicher, desto besser!

Gibt es etwas Aufregenderes, als mit pochendem Herzen etwas Neues zu probieren? Dann fühlen wir uns wie Kinder, die sich von einem Abenteuer ins nächste stürzen. Das steigert die Lebenskraft. Gut, manchmal werden wir uns ein zerschundenes Knie einhandeln, aber wir stehen auf und weiter geht's! Alles besser als Langeweile!

Die meisten wollen die großen Gefühle haben, aber die wenigsten sind bereit, den Preis zu bezahlen! Kalkuliere genau, ob eine Aktion das Potential hat, großen Gewinn einzufahren. Wenn ja, darfst du das Risiko nicht scheuen. Dann verzichte auf die vielen kleinen, zaghaften Schritte und wage gleich den einen großen Sprung!

Aber Achtung: Ein gut durchdachtes, tragbares Risiko ist etwas anderes als ein verantwortungsloser Hazard! Wäge gut ab. Und wenn nichts Existenzbedrohendes zu befürchten ist, dann liegt ein intelligentes Risiko vor. Und intelligente Risiken müssen einfach eingegangen werden. Nur das garantiert den Fortschritt.

Der Schritt auf ein neues Terrain wird dich ganz neue Erfahrungen sammeln, Situationen erleben und Menschen kennenlernen lassen. Du darfst nur nicht herum zaudern zwischen »Soll ich?« und »Soll ich nicht?« Triff eine beherzte Entscheidung und nimm dir vor, dein Bestes zu geben. Dann wird es auch funktionieren!

Beweise Mut und Reife und lass dich vom Risiko niemals abschrecken. Freu dich lieber schon heute auf das, was dir als Belohnung winkt. Vertraue auf dich selbst, umarme das Leben und lebe endlich! Vergiss nicht: Alles, was du in zehn Jahren bist oder nicht bist, wirst du sein, weil du deine Angst besiegt hast – oder nicht…

Wenn du nicht kontrollierend eingreifst, wird dein Gehirn immer dieselbe Reaktion zeigen: »Lieber nicht! Finger weg!« Aber wie willst du so herausfinden, was wirklich in dir steckt? Das Schlimmste: Du wirst einfach stehen bleiben und die Selbstzweifel werden dich langsam zerfressen. Was für eine armselige Existenz!

Wenn du wieder einmal merkst, wie du dich vor etwas drücken willst, dann steuere sofort dagegen! Denk an die Belohnung in der Zukunft! Und dann geh mit der angsteinflößenden Situation ganz gezielt auf Konfrontationskurs. Und das nicht nur bei den großen Schritten, sondern auch bei all den lästigen Alltagsbelastungen.

Vorbei mit den notorischen Fluchtversuchen! Zeig endlich, welche Kraft in dir steckt und mach
etwas, auf das du noch lange stolz sein wirst. Sobald du die Kontrolle über dein Handeln über- nimmst, hast du auch die Kontrolle über deine Emotionen. Stell dich dem Gefürchteten – und die Angst wird abnehmen.

Du musst so lange in der angsteinflößenden Situation bleiben, bis die Angst weg ist! Oder zumindest so lange, bis du mit der Angst umgehen kannst. Wenn du zu früh aussteigst, wird die Angst vor dem nächsten Mal noch größer.

Sobald die Angst einmal ausgehalten wurde, verliert sie ihre Macht. Erinnere dich daran, dass Angst nur ein emotionaler Zustand ist, genauso wie Begeisterung, Freude oder Liebe. Damit Angst überhaupt erst aktiviert werden kann, müssen deine Gedanken und deine Physiologie in einer bestimmten, immer gleichen Art und Weise zusammenwirken.

Wenn du diesen Prozess nicht hinterfragst, wirst du auf ähnliche Situationen immer gleich reagieren. Ohne dass du dir dessen bewusst bist, wirst du immer wieder in das alte Verhaltensschema mit all den dazugehörigen Gefühlen hineinrutschen. Und schon bist du wieder auf der Schnellstraße zur Emotion Angst.

Das heißt: Höchste Vorsicht, sobald die ersten Anzeichen für diesen Prozess spürbar werden! Setze bei deiner Physiologie an: Kein duckmäuserisches Auftreten, sondern eine Körperhaltung, bei der man schon von weitem sieht, wie entschlossen und unerschrocken du bist! Deine Physiologie kann wahre Wunder bewirken.

Der zweite Punkt sind deine Gedanken: Sie verselbständigen sich, wenn du in eine brenzlige Situation kommst. Plötzlich siehst du nur noch das, was auf keinen Fall eintreten soll. Ganz klar, dass du dich damit selbst lahmlegst. Manche Menschen können sich so in diese Vorstellungen hineinsteigern, dass es echt für sie ist.

Deine Vorstellungskraft hat große Macht über deine Gefühle. Du brauchst dir eine Bedrohung nur vorzustellen und schon gerätst du in Stress. Klar: Fürs Gehirn ist es egal, ob eine Situation real oder fiktiv ist. Die physischen und psychischen Reaktionen sind dieselben. Deshalb: Mit neuen Filmen auf zu neuen Gefühlen.
In der Welt der Fantasie ist alles möglich! Da hat ein Kind keine Angst mehr vor dem Gewitter, nur weil es sich vorstellt, dass Gott

Fotos von ihm macht! Du fürchtest dich immer wieder vor einer bestimmten Situation? Dann denk dir dazu ein neues Drehbuch aus! Und mit einem Mal ist die Angst verschwunden.

 **Dein Gehirn kann nie zwei Gedanken gleichzeitig verarbeiten. Das heißt, wenn du an ein positives Ziel denkst, kannst du nicht gleichzeitig Angstgedanken ausbrüten. Wenn dich die Angst packen will, dann unterbrich das Muster, indem du dir vorstellst, wie ausgesprochen gut alles ausgehen wird.**

Der Feuerlauf als Metapher: Das Feuer symbolisiert die brenzligen Situationen im Leben, die jedes Mal dieselben emotionalen Reaktionen auslösen: mutloser Körper und die innere Stimme fleht: »Bitte nicht!« Aber genau in solchen Momenten entscheidest du über Erfolg oder Misserfolg in deinem Leben.

Die große Frage: Überwindung oder Flucht? Mit der Kontrolle über die Physiologie und die Gedanken kann aus jedem Angsthasen ein wahrer Bärentöter werden. Da fließt Stärke durch den Körper und den Geist! So viel, dass man sogar über glühende Kohlen läuft. Dieser Mut ist immer da – er muss nur entflammt werden.

Aber glühende Kohlen sind und bleiben glühende Kohlen. Natürlich ist es möglich, dass man sich verletzt. Genau wie im Leben auch: Man kann sich nicht so einfach über die Grenzen hinwegsetzen ohne ein gewisses Risiko. Deshalb braucht man beim Überwinden von Ängsten vor allem auch die richtigen Strategien.

Das ist deine wichtigste Aufgabe: Nimm eine deiner Ängste und besiege sie! Dein Gehirn braucht diesen realen Triumph. Sonst wirst du immer nur sagen: »Ja, ja ich weiß schon, dass ich könnte, wenn ich wollte...« Aber wie immer geht es ums Tun, nicht ums groß Reden! Nicht dein Kopf, deine Gefühle müssen überzeugt werden.

Nach diesem Sieg hast du einen klaren Beleg für deinen Mut, und den kannst du immer dann aktivieren, wenn du ihn in Zukunft brauchst. Wie gesagt: Das soll keine Theorie bleiben, sondern so bald wie möglich, ein unvergessliches Erlebnis für dich werden! Stell dich deinen Ängsten und ring sie in Einzelkämpfen nieder!

Da draußen warten ungeahnte Möglichkeiten auf dich! Willst du wirklich wegen ein paar Ängsten auf sie verzichten? Lass dich niemals zu dem Gedanken hinreißen, dass etwas unmöglich ist. Sobald so ein Verlierer-Gedanke in dir auftaucht, halte dagegen. Sag dir laut und deutlich vor: »Ich schaffe das. Es gibt immer einen Weg.«

Diese Einstellung solltest du wie eine zweite Haut tragen. Versäumst du das, wird aus dir ein schwächliches Etwas, das bald sogar ganz alltägliche Aufgaben scheuen wird. Man kann diese Einstellung auch Erfolgsbewusstsein nennen: den ungebrochenen Willen, etwas unbedingt erreichen zu wollen.

Angst ist in Wirklichkeit nur die Folge einer einmal gemachten Erfahrung. Sie steht und fällt mit den entsprechenden Nervenverbindungen, die bei diesem Erlebnis aufgebaut wurden. Das heißt: Es sind nur bestimmte Reize in deinem Gehirn, die das Gefühl Angst aktivieren. Glücklicherweise lassen sich Reize manipulieren.

Der erste Schritt: Geh mit deinen Ängsten auf Konfrontation. Versprich dir, dass du nicht wegen ihnen aufgibst, sondern trotz ihnen weiterkämpfst! Nicht immer leicht! Aber gerade, wenn dir die Angst im Nacken sitzt, musst du zeigen, wer den Ton angibt. Vergiss nicht: Angst peinigt am meisten, wenn du untätig herumsitzt.

Ein Gedicht von Guillome Apollinaire: »Kennt ihr den Abgrund?«, hat er sie gefragt. »Wir haben Angst.«, haben sie geantwortet. »Tretet an die Kante!«, empfahl er ihnen. Als sie dort waren, schubste er sie hinab - und sie flogen davon! Genauso geht es mit deinen Ängsten: Tritt an den Abgrund, gib dir einen Schubs und flieg davon!

Fürchte dich nicht vor den schweren Zeiten des Lebens. Da müssen wir alle durch. Hab Vertrauen, dass du immer genügend Kraft und Weisheit in dir finden wirst, um sie zu überstehen. Du wirst sehen: Wenn sie vorbei sind, wirst du erkennen, dass gerade diese Zeiten wichtige Phasen der inneren Erneuerung waren.

Wer über etwas lachen kann, befreit sich davon

Geben wir deiner Angst doch den Stellenwert, den sie verdient: Im großen Lebenskreislauf zählt sie so gut wie nichts. Betrachte dein Leben einfach als eine Art Spiel. In einem Spiel wiegen Fehler nicht so viel. Und wenn du einmal verlierst, nimmst du Revanche und lässt dich auf Neues ein. Nimm alles ein wenig leichter!

Noch was: Verpasse deinem Leben ein bisschen Humor. Das macht vieles erträglicher. Vielleicht scheust du dich wegen irgendeiner Prägung aus dem Jahre Schnee, deine Traumfrau anzusprechen? Da gibt es nur einen Ausweg: Führe dir vor Augen, wie lachhaft und kleingeistig dein Verhalten ist. Lach über dich selbst!

Du hast dir eine einmalige Chance entgehen lassen, nur weil du dich nicht für gut genug dafür hältst? Dann formuliere aus dieser Lächerlichkeit einen Satz und sag ihn dir in einem so lachhaften Tonfall vor, dass du über dein Verhalten den Kopf schütteln musst. Sprich ihn wie Mickey Mouse aus und benimm dich wie ein Clown dabei.

Ein Mensch, der immer auf Nummer Sicher gehen will, wird bald gar nichts mehr tun. Das ist nicht nur langweilig, irgendwann verliert man so auch die Achtung vor sich selbst. Wie könnte man es sich auch je verzeihen, nie angefangen zu haben, seinen Traum zu leben? Nichts außer deiner ängstlichen Vorstellung hält dich zurück.

Die Menschen wollen ihre Zeit auf diesem Planeten schön sicher herunterbiegen. Doch so leben zu wollen ist ein Mythos. Es passiert schon auch einiges auf dieser Welt: Firmen gehen pleite, Flugzeuge fliegen vom Himmel... Das Leben ist nicht ungefährlich. Aber deshalb dürfen wir nicht wie Angsthasen leben!

Egal, wie viele Ängste du in dir findest: Verliere niemals den Mut, Großes in Angriff zu nehmen. Triff ein Abkommen mit dir selbst. Sage dir, dass du irgendwie damit klarkommen wirst, egal, was passiert. Es gibt immer mehr als einen Weg ins Paradies!

➲ Element: Ethik

Wir leben in einer Zeit, die zwar jeden Luxus kennt, aber an den grundsätzlichsten Tugenden langsam verarmt. Wir brauchen mehr Menschen, die ein vorbildhaftes Leben führen. Wenn du je in einer besseren Welt leben willst, dann beginn bei dir selbst! Werde ein besserer Mensch. Erinnere dich: Zuerst säen, danach ernten!

Schockierend, wie kalt es zwischen uns geworden ist! Viele sind nur mehr auf ihren eigenen kleinen Vorteil bedacht. Es kümmert sie nicht, ob dabei Menschen auf der Strecke bleiben oder nicht. Macht wird verherrlicht – die skrupellose Macht! Wirklich traurig, wie kleinkariert die Menschen den Weltenlauf eigentlich sehen!

Kann schon sein, dass man mit ein paar Tricks einmal eine Zeit lang die Nase vorne hat. Aber dieses Ausbremsen anderer ist meilenweit entfernt vom echten Erfolg. Für die meisten reduziert sich Erfolg auf Macht, Geld und Einfluss. Und genau diesen Dingen jagen sie hinterher, als wäre es das Einzige.

Einige schaffen es auch - und trotzdem finden sie weder Sinn noch Glück, noch Erfüllung. Wahrer Erfolg muss ganzheitlich gesehen werden. Er ist nicht nur etwas Äußerliches – man muss vor allem auch mit dem Herzen dabei sein. Aus den richtigen Werten heraus handeln, um auch gut mit dem leben zu können, was man erreicht hat.

Wir haben diesen jämmerlichen Futterneid doch gar nicht nötig. Wir alle haben einen einzigartigen Auftrag zu erfüllen. Und der lautet nicht: »Trickse möglichst viele Menschen aus!« Unehrliche Gewinne wird uns das Leben sowieso wieder wegnehmen. Für jeden von uns gibt es einen Plan – nur darauf konzentriere dich.

Wenn du ständig eine Nasenlänge voraus sein willst, machst du dich nur selbst zu einem Gefangenen. Neid und Angst werden deine Freiheit wegfressen. Du lebst nicht mehr bewusst, sondern nur noch in Verteidigung auf das Leben. So verlierst du langsam den Blick fürs Wesentliche: für deine Bestimmung. Ein großes Leben verlangt Freiheit im Herzen. Du musst frei sein von jedem kleingeistigen Denken. Leg die Basis dafür: Beginne, dich am Erfolg anderer zu freuen. Das ist einfach der bessere Weg – für alle. Übrigens: Sich ehrlich mit anderen freuen zu können ist ein Zeichen wahrer Größe. Und nur die macht erfolgreich.

Leider glauben die wenigsten an eine höhere Gerechtigkeit – daran, dass ein tugendhafter Mensch immer belohnt wird. Aber vertraue darauf: Alles im Leben wird einmal ausgeglichen. Und was nicht rechtens ist, wird auch nicht überleben. Mit diesem Wissen vor Augen findest du ganz automatisch die richtige Art zu leben. Wenn du eines Tages wirklich ganz oben stehen, und auch das Gefühl des Erfolges in dir spüren willst, dann baue auf Fairness und ein großes Herz. Alles, was du tust, muss absolut einwandfrei sein. Nur das gewährleistet, dass du einen Erfolg erlangst, der nicht nur bei dir bleibt, sondern der auch immer größer wird. Wie findest du die richtigen Tugenden, die dich zum echten Erfolg führen? Stell dir vor, du musst ein Team zusammenstellen, das dir bei einem wichtigen Projekt helfen soll. Du wirst Leute suchen, die fleißig, verlässlich, lernfähig, wissbegierig, motiviert, usw. sind. Intuitiv weißt du: Diese Werte führen zum Erfolg.

Ich habe meine persönlichen Werte aufgeschrieben und lese sie mir jeden Morgen durch. Sie wirken auf mich wie ein Kompass, gerade dann, wenn ich mal wieder einen Wert vernachlässigt oder nicht berücksichtigt habe.

Finde heraus, wie gut entwickelt die einzelnen Tugenden bei dir bereits sind. Danach bestimme die für dich wichtigsten und mache sie zu deinen neuen Idealen. Diese neuen Eigenschaften sollen dir von nun an jeden Tag zeigen, wie du handeln musst, damit du der Mensch werden kannst, der du sein möchtest.
Dieses Konditionieren auf neue Tugenden ist so etwas wie eine Persönlichkeitshygiene. Die Welt überschüttet uns täglich mit so

viel moralischem Schmutz, dagegen müssen wir ankämpfen! Und gute Werte sind das beste Mittel, um diesen Schmutz von dir abzuwaschen. Denn wer sich infizieren lässt, hat verloren.

Je öfter du diese neuen Tugenden auslebst, desto tragfähiger machst du dein Fundament.
Und genau das brauchst du in jedem deiner Lebensbereiche. Wenn du deine Karriere auf sumpfigen Boden baust, wirst du eben nie hoch hinauskommen. Ist das Fundament aber in Ordnung, ist plötzlich alles möglich.

Das Fundament eines Menschen ist unsichtbar. Aber es ist das, was ihn aufrecht durchs Leben gehen lässt. Jeder braucht so ein Stützwerk, denn das Leben gibt jedem von uns Prüfungen. Da können schon schwere Gewitter und Erdbeben aufziehen –einem gut-gebauten Fundament kann das nichts anhaben.

Alle Tugenden sind wichtig, um dein Leben in gelungene Bahnen zu lenken. Aber es gibt sieben Eigenschaften, die in deiner Persönlichkeit auf keinen Fall fehlen dürfen: Charakter, Integrität, Demut, Gerechtigkeit, Ehrlichkeit, Liebe und Treue. Das sind die Werte, die ein Leben erneuern können.

Charakter ist vor allem die Fähigkeit, etwas zu Ende zu bringen und auch dann dranzubleiben, wenn die anfängliche Begeisterung bereits verflogen ist. Der Anfang ist immer leicht, wenn man noch Feuer und Flamme ist; Charakter hast du, wenn du die Sache entgegen aller Launen durchziehst.

Dein Charakter ist kein Erbgut – er bildet sich durch dein gewohn-heitsmäßiges Handeln aus. Das, was du immer wieder tust, formt dich zu dem, der du bist. Auch wenn dir etwas noch so unbedeu-tend und beiläufig erscheint, in Summe gesehen trägt es dazu bei, dein Wesen in eine bestimmte Richtung zu formen.

Nächster Punkt: Integrität. Man könnte auch Ehrlichkeit gegen-über sich selbst sagen. Du lebst das, was du bist, und zwar immer und überall. Es gibt etwas in dir, das dir sagt, was für dich richtig ist und was nicht. Wenn du auf diese Signale hörst, lebst du nach deinem Gewissen – und kannst gar nicht falsch handeln.

Nummer drei: Demut. Wird oft verwechselt mit falscher Kleinma-cherei. Manche haben ein so starkes Fundament und bauen eine Hundehütte drauf. Du kannst aus deinem Leben machen, was du willst! Je höher und fantastischer, desto besser! Und wenn dich dann jemand dafür bewundert, dann nimm es demütig an. Das Gegenteil von Demut ist Hochmut und Arroganz. Arrogante Menschen sind nicht ehrlich – ihr Leben ist eine Show. Ihnen fehlt die Korrekturfä-higkeit an sich selbst. Nur mit Demut im Herzen bleibt man bereit, Fehler einzugestehen, und an sich zu arbeiten. Eine Eigenschaft, die wir uns alle ein Leben lang erhalten sollten.

Gerechtigkeit: Menschen, die gerecht denken und handeln, genie-ßen den größten Selbstrespekt. Entwickle deinen Sinn für Gerech-tigkeit. Gerade wir, in unserem reichen Land, sollten unsere Macht nutzen und uns einsetzen gegen all die Ungerechtigkeit, unter der auf dieser Welt noch immer so viele Menschen leiden.

Der fünfte Punkt: Ehrlichkeit - zu dir selbst und zu anderen. Bei vielen geht nur deshalb nichts weiter, weil sie sich ständig selbst be-lügen. Liebe die Wahrheit – nur sie kann dir weiterhelfen. Suche dir auch Freunde, die ehrlich zu dir sind. Lass dir von ihnen sagen, was nicht passt. Nicht die Wahrheit, nur die Lüge verletzt.

Liebe: die größte Macht, vor allem die Liebe zu dir selbst. Wenn du dich selbst nicht liebst, kannst du auch keine Liebe weitergeben. Im Gegenteil: Du wirst überall nur das suchen, was du an dir selbst nicht magst. Lerne, dich selbst zu lieben, und du hast genug Liebe für andere – und die werden es dir tausendfach zurückgeben.

Letzter Punkt: Die Treue. Zu Menschen, Firmen oder Ideen. Einfach überall im Leben gilt es, treu und loyal zu sein. Treue gehört zu einem erfolgreichen Leben einfach dazu. Denk an die Berufswelt: Die, die am längsten auf einem Schiff bleiben, verdienen erfahrungsgemäß am meisten. Treue zahlt sich eben aus.

Was für eine wunderschöne Welt wäre es, wenn wir alle nach diesen Tugenden leben würden! Das Paradoxe an der Sache: Wir wissen, was gut für uns wäre, wenden es aber trotzdem nicht an. Dessen sind wohl die meisten von uns schuldig. Lebe nach diesen neuen Tugenden – und führe dein Leben damit in eine ganz neue Ära.

Wir alle halten gewisse Ideale hoch. Sagen wir,»Liebe« ist für dich ein wichtiger Wert. Und jetzt überprüfe dich doch einmal selbst: Was tust du gerade in diesem Moment, um deinen Mitmenschen deine Liebe zu zeigen? Denk immer daran: Nicht das Denken, sondern nur das Tun verändert die Welt zum Guten.

Es ist immer gut, mehr verstehen zu wollen, als man derzeit gerade versteht. Nichts anderes haben auch alle Philosophen über die Jahrhunderte hinweg gemacht. Schauen wir ruhig hinter die Kulissen. Versuchen wir, die tiefer liegenden Zusammenhänge zu ergründen. So lernst du, die Welt mit anderen Augen zu sehen.

➲ Element: Erfolg

Nicht viele Menschen beweisen so großes Durchhaltevermögen wie du! Seien wir ehrlich: Über Veränderung und Erfolg reden – das tun Viele. Aber nur wenige sind bereit, auch die erforderlichen Anstrengungen auf sich zu nehmen. Nur: Wir beide wissen, dass man keinen Erfolg ohne vorherige Investition haben kann.

Eines musst du wissen: Die Herausforderungen sind hier noch nicht zu Ende. Im Gegenteil: Du stehst erst am Anfang. Jetzt geht es nämlich darum, diese vielen neuen Einsichten und Strategien in dein tägliches Leben zu integrieren. Und mit dieser Konditionierung beginnt eigentlich erst deine Erfolgsgeschichte.

Voraussetzung für deine Reise zu den Sternen ist, dass du es nicht beim einmaligen Durchlesen dieses Buches belässt. Wiederholung ist die Mutter aller Fähigkeiten. Diese »Elementebox« wurde als ein lebenslanges System für den Erfolg entwickelt. Lass es nicht in der Schublade verstauben, sondern greife immer wieder auf einzelne Elemente zurück. Du fühlst dich in Sachen Motivation unsicher? Dann nimm dir dieses Element noch einmal vor! Oder: Wenn du einmal nicht mehr weiter weißt oder down bist, schnapp dir das entsprechende Element und lies hinein. Du wirst überrascht sein, wie oft der Inhalt genau passen wird.

Auf dem Weg zu neuen Zielen brauchst du neue Einsichten und Erkenntnisse. Durch sie wird dir erst der Sprung auf die nächste Ebene freigegeben. Wobei du eben nie wissen kannst, welche das sein werden. Deshalb ist es so wichtig, dass du alle Elemente internalisierst. Nichts ist »zu einfach« – wenn es eine Stufe zum Erfolg ist.

Du bist gefordert: Suche jeden Tag nach einer Möglichkeit, ein Stück über deine Grenzen hinauszuwachsen! Und mach das nicht nur so beiläufig, sondern dokumentiere deine Entwicklung schriftlich. Dazu hast du dein Erfolgsjournal: für die Aufzeichnung von Momenten, die dir das Leben neu zeigen.
Übrigens: Neben deinem Erfolgsjournal beschreibe unbedingt auch dein Ideenjournal. Oft kommen die besten Ideen aus heiterem Himmel. Wenn wir sie nicht sofort aufschreiben, verflüchtigen sie sich wieder. Diese Welt inspiriert einen ja ständig! Nimm ihre Anregungen auf und verewige sie für dich! Du wirst merken, dass

diese Angewohnheit eine Art Suchimpuls in dir aktiviert. Dadurch wirst du den Alltag mit ganz anderen Augen sehen. Ohne es zu realisieren, wirst du ständig auf der Suche nach etwas Nützlichem für deinen großen Plan sein. Sobald sich dein Gefühl bei irgendetwas meldet – schreibe es sofort auf.

Je mehr solcher konstruktiven Eingebungen du sammelst, desto eher werden sich diese Informationen zu etwas Großem verdichten. Leicht möglich, dass am Ende dieses Prozesses eine ganz neue Geschäftsidee steht, oder das Erkennen deines ureigenen Lebensauftrages! So ein Buch hat schon etwas Magisches an sich.

An dieser Stelle solltest du verstanden haben, dass wir im Leben niemals durch das glücklich werden, was wir besitzen. Das Einzige, was dich glücklich machen kann, ist das, was du als Mensch bist. Noch einmal: Nur wenn du dich mit deinen Erfolgen mitentwickelst, wirst du es auch bis ganz nach oben schaffen.

Zuerst definierst du also deine Ziele. Danach: Finde so viele überzeugende Gründe wie möglich. Warum willst du deine Ziele unbedingt erreichen? Du musst von ihnen regelrecht besessen sein – sonst wirst du dich immer wieder in Angst oder Bequemlichkeit verstricken und bei der ersten Hürde das Handtuch werfen. Deine Gründe müssen deine Gründe sein – und nicht die von irgendjemand anderem. Wenn du reich sein willst, damit du eine Luxusjacht kaufen kannst - gut! - aber nicht, weil es andere schick finden. Für jeden gelten andere Herzenswünsche. Sie sind die eigentlichen Befehlshaber. Also: Warum brauchst du dein Ziel?

Nur wer absolut überzeugende Motive für sein Tun hat, schafft es auch, sein Verhalten zu lenken. Wenn jemand behauptet, er sei einfach zu faul, um sich einmal wirklich anzustrengen, dann ist das Nonsens! Er ist nicht faul – es fehlen ihm einfach nur die entsprechenden Ziele und Gründe dahinter.

Der zweite Schritt nach dem Definieren deiner Ziele ist es also, ein zwingendes »Warum« zu formulieren. Mit einem starken Grund kannst du schier Unmögliches leisten. Zuerst kommt immer das »Warum«, dann das »Wie«. Ist das Warum verlockend genug, wirst du immer auch einen Weg dorthin finden.

Du erinnerst dich an das Antriebssystem aus Schmerz und Freude? Setze also auch den zweiten Hebel, den Schmerzfaktor ein: Schreib auf, was dir alles entgehen wird, wenn du dich nicht schleunigst auf den Weg machst. So nimmst du dich von beiden Seiten in die Zange. Dann gibt es endgültig kein Entrinnen mehr!

Herausforderung Nummer drei also: Bewerte dein Leben ständig neu! Am besten geht das aus der Distanz. Deshalb nimm dir alle paar Monate oder zumindest einmal im Jahr eine Auszeit und schau dir deine Ziele, deine Werte, deine Überzeugungen und deine ständigen Gedankeninhalte einmal genauer an.

Dann stell dir die Frage: »Wohin gehe ich? Führt mich dieser Weg auch zu meinen wichtigsten Zielen?« Solche Fragen gewährleisten, dass du auch dort ankommst, wo du hinwillst. Dass du in zehn Jahren einmal woanders stehen wirst als heute, ist klar. Nur wo genau das sein wird – das musst du heute schon bestimmen!
Manche bleiben einfach im Fluss des Lebens stecken. Sie kümmern sich nur noch ums tägliche Brot und vergessen dabei ihre Träume. Sie lassen sich einfach mittreiben, sitzen in einem Boot ohne Ruder. Pass bloß auf, dass dir das nie passiert. Stell sicher, dass du dein Leben neu bewertest, wenn es an der Zeit ist.

Paradox, aber wahr: Erfolg kann auch zu einer Falle werden! Viele fühlen sich an einem erreichten Punkt so wohl, dass sie dort einfach bleiben wollen. Weiterentwicklung? Neue Ziele? Nein danke, viel zu anstrengend! Nur: Das Leben ist kein Ankunftsort. Feige Bequemlichkeit ist eines Menschen einfach unwürdig.

»Bewerte deine Erfolge daran,

was du aufgeben musstest,

um sie zu erzielen.«

(Dalai Lama)

Briefe sind wie kleine Geschenke. Jeder Mensch freut sich, wenn er einen handschriftlich an ihn adressierten Brief im Briefkasten findet. Heute ist der Tag, an dem du dir dieses Geschenk selbst machen wirst.

Zum Abschluss dieser Elementebox...

... sollst du einen ganz besonderen Brief schreiben - einen Brief an dich selbst!

Der Inhalt soll sich mit diesen Fragen beschäftigen: Was hast du dir für das kommende Jahr alles vorgenommen? Welche Erfolge willst du in diesem Jahr feiern? Was wirst du alles ändern? Wo wirst du dich verbessern? Und das Wichtigste: Was sind die schönsten und größten Träume, die du in diesem Jahr wirklich erleben willst?
Und wenn du dir die geheimsten und bewegendsten Wünsche von der Seele geschrieben hast, steckst du den Brief in ein Kuvert und

adressierst ihn an dich selbst. Nachdem du ihn dann auch noch frankiert hast, gibst du ihn einem Menschen deines Vertrauens. Bitte ihn, diesen Brief ein Jahr lang für dich aufzuheben. Nach Ablauf dieser Zeit soll er den Brief an dich abschicken. Und wenn das alles gemacht ist, lässt du den Brief Brief sein, und lebst einfach in das neue Jahr hinein. Der Augenblick wird ein ganz besonderer sein, wenn du dann eines Tages einen Brief mit deiner eigenen Handschrift vorfindest. Wahrscheinlich wirst du das Ganze schon längst wieder vergessen haben, aber vor dir wird schwarz auf weiß stehen, was du dir einmal vorgenommen hast.

Es gibt keine bessere Methode, um zu überprüfen, ob du deinen Idealen auch ehrlich treu geblieben bist, oder ob u dich verzettelt, oder gar an fremde Ziele verkauft hast. Und vielleicht ist es dann ja an der Zeit, wieder einmal über sein Leben nachzudenken und einen neuen Brief an dich zu schreiben…

Noch einmal zur Hauptbotschaft: Für jeden von uns gibt es eine Bestimmung. Finde sie, und du hast das wahre Leben gefunden. Ihr süßes Versprechen wird dich jeden Tag über deine derzeitigen Grenzen locken. Wir alle brauchen etwas, dem wir uns mit unserem ganzen Herzen verschreiben können.

Die nächste Herausforderung also: Finde die Aufgabe, für die du gemacht bist. Alles, was du bis jetzt gehört und gelesen hast, hat nur ein Ziel verfolgt: Dich geistig auf diese eine große Sache vorzubereiten. Glaube nur fest daran: Irgendwo da draußen wartet deine Mission darauf, von dir entdeckt zu werden.

Schau' dir die Großen dieser Welt doch einmal an: Sportler, Musiker, Erfinder und so weiter – sie alle leben für ihre Aufgabe. Sie verkörpern ihre Mission! Sie ziehen ihr Ding durch, ohne nach links oder rechts zu schauen. Nur mit einer solchen echten Verpflichtung, lässt sich auf dieser Welt Erinnerungswürdiges erschaffen. Und jetzt denk über die Menschen hinter diesen Erfolgen nach: Was waren sie denn, bevor sie durch ihre besonderen Werke zu dieser Berühmtheit gelangten? Ganz »normale« Menschen! Der einzige Unterschied: Sie waren davon überzeugt, dass sie einmal etwas Großes erreichen werden.

Helden wird es immer geben, weil es immer Männer und Frauen geben wird, die trotz ihrer Herkunft und trotz ihrer Ängste das machen, was in ihren Herzen geschrieben steht. Gibt es einen Grund, warum nicht auch du einer dieser Helden von morgen sein kannst? Weg mit dem Gedanken, du seiest zu unbedeutend!

Wir alle haben das Zeug, etwas Großes aus unserem Leben zu machen. Daran erinnere dich, wenn der Augenblick der Entscheidung naht, wenn es darum geht, mutige Schritte einzuleiten. Setze dich für das Richtige ein, gib aus vollem Herzen, und du wirst entdecken, dass es auch heute noch Wunder gibt.

Mach die Augen auf! Erkenne die Welt in ihrem Reichtum. Und dann geh hinaus. Trage genügend Liebe im Herzen und schau immer hoffnungsfroh nach vorne. Bewahre dir die Offenheit eines Kindes und freue dich über die Millionen kleiner Wunder. Mögen all deine Träume wahr werden.

In diesem Buch werde ich dir noch genau aufzeigen, wie auch du das schaffen kannst. Du darfst gespannt sein.

Vorher aber noch ein paar Worte zu meinem bisherigen Leben...

Kapitel 4
Wie eine Wüstenspringmaus im Lurchterrarium

Um dir einen kleinen Einblick in mein Leben zu ermöglichen, möchte ich mich dir näher vorstellen.

Mein Name ist Michael Schwarzkopf und ich bin Anfang der 70er Jahre an einem verschneiten Novembertag im Merseburger Kreiskrankenhaus in der Deutschen Demokratischen Republik geboren. Ich wuchs als jüngstes von drei Geschwistern (zwei Schwestern und ein Bruder) in einem durch Braunkohle Abbau geprägten Ort namens Braunsbedra im heutigen Sachsen-Anhalt auf. Abgesehen von der Scheidung meiner Eltern hatte ich eine schöne Kindheit; die Trennung allerdings sollte meine verletzte Kinderseele noch lange Zeit berühren. Ich habe sehr lange gebraucht, um über diesen Schmerz hinweg zu kommen.

Die zehn Klassen der Polytechnischen Oberschule im Arbeiter- und Bauernstaat absolvierte ich ohne größere Anstrengungen mit einem guten Abschluss, wodurch einer Lehre im nahegelegenen Braunkohlenkombinat nichts im Wege stand. Gerade aus heutiger Perspektive muss ich fast lachen, wenn ich mir überlege, wie wenig Einfluss- und Wahlmöglichkeiten mir damals zugestanden haben. Vielleicht konnte und wollte ich aber die Möglichkeiten nicht wahrnehmen. Ich hatte keinen »richtigen« Plan und war auch sonst nur oberflächlich gesteuert. Wichtig war nur, eine Lehrstelle zu haben. »Du machst das jetzt so«, hieß es. Wie es mir dabei ging, spielte keine Rolle, ich hatte gefälligst dankbar zu sein für diese eine tolle Möglichkeit. Allerdings muss ich gestehen, dass es mir zu diesem Zeitpunkt völlig egal war, welchen Beruf ich ergreife. Dabei wollte ich als Kind immer Archäologe oder Förster werden und Kinderbücher schreiben. Je älter ich wurde, umso mehr verblassten die »großen« Kinderträume zusehends. Irgendwann ist dann der »große« Traum, wie auch der notwendige Antrieb dafür verschüttet worden. Vielleicht mache ich das aber noch (also das mit den Kinderbüchern…)

Auch die Frage nach Zielen für das eigene Leben war für mich (kurioserweise) zu der Zeit nicht ausschlaggebend. Ich sollte einfach nur als kleines Rädchen beim Aufbau des Sozialismus funktionieren und nicht weiter nachfragen. Ich habe damals die Verantwortung für mich und mein Leben komplett abgegeben. Letzten Endes bin ich aber glücklicherweise noch zur »Be-SINN-ung« gekommen, auch wenn das noch ein paar Jahrzehnte dauern sollte.

Meine Lehre lief ähnlich ab, zumal ich den Beruf »Facharbeiter für Werkzeugmaschinen« erlernte, der absolut nicht meinem »Ich« entsprach, und trotzdem wurde ich zur Weiterqualifizierung empfohlen. Die Ausbilder und Lehrer schienen Potential in mir zu sehen, und meine Mutter war darüber hocherfreut; für sie war wichtig, dass ich die Lehrstelle gut absolvierte, und somit die Möglichkeit auf ein Leben in Sicherheit und Beständigkeit vor mir hatte. Absolut verständlich, und ich möchte meiner Mutter an dieser Stelle von ganzem Herzen für ihr unerschütterliches Vertrauen in mich und meine Persönlichkeit danken. Allerdings ging mein Lehrbetrieb in den Wirrungen des ersten Wendejahres pleite und wurde von der Treuhand »abgewickelt«, sodass ich direkt nach meiner Ausbildung arbeitslos wurde. Ich war nicht etwa traurig darüber, sondern ganz im Gegenteil; ich war erleichtert und glücklich, dass ich diese »grauenhafte« Tätigkeit nicht mehr ausüben musste.

Ich spürte, dass ich in der Zukunft etwas Außergewöhnliches erschaffen würde. Wie - das wusste ich noch nicht, aber ich hatte dieses Urvertrauen, das Gefühl tief in mir drin, dass alles gut werden würde, allerdings galt es noch, scheinbar unbezwingbare Berge und tiefe Gräben zu überwinden.

Der »wilde Junge« entwickelt sich permanent weiter, und spürt die ihm gebotenen Möglichkeiten, seine Fähigkeiten sowie Stärken, und beginnt damit, an seinen Träumen zu arbeiten und zukunftsorientiert zu denken.

Rückblickend betrachtet darf ich einen sehr »bewegten« Lebenslauf mein Eigen nennen. Ich probierte über viele Jahrzehnte einige Ausbildungen, Tätigkeiten und Berufe aus: Vom Bauunternehmer über Versicherungsfachmann zum Vertriebler für Kaffeevollautomaten, um nur einige Stationen aufzuführen. Darüber hinaus habe ich noch mit über vierzig Jahren mein Studium zum Betriebswirt (HWK) absolviert. Auch nebenberuflich war ich stets unter Feuer und auf der Suche nach der ultimativen Lösung, meine wahre Bestimmung zu finden.

Bei allen Tätigkeiten (bis auf meine Bauunternehmerphase) war ich überdurchschnittlich erfolgreich, fand aber trotzdem weder Sinn noch Erfüllung darin. War ich etwa zu anspruchsvoll, hatte ich mir zu viel vorgenommen? Das war der Beginn der Suche nach meiner wahren Bestimmung. Ich wollte alles nur nicht »Durchschnitt« sein. So fand ich mich mitten im Prozess auf der Suche nach Sinn und Erfüllung wieder, um endlich vollkommenes Glück zu erfahren und bei mir selbst anzukommen.

In meiner letzten Tätigkeit als Geschäftsführer einer Seniorenbetreuung (GmbH & Co. KG) hatte ich mal wieder die Möglichkeit mein Potenzial zu testen. Ich baute den Betrieb von Null auf über 20 Mitarbeiter aus und erkannte, was möglich ist, wenn man nur ein Ziel hat, für das es sich lohnt, loszugehen.

Allerdings spürte ich immer weniger Energie und Freude bei der Arbeit, hatte immer häufiger das Gefühl, gefangen zu sein in einer Aufgabe, die mir einfach nur meine Lebenszeit stiehlt. Ich war leer, unzufrieden, gereizt und irgendetwas in mir sagte: «Das kann es doch bitte noch nicht gewesen sein...» - intuitiv wusste ich, dass da noch viel mehr geht.

Aber warum nur? Ich hatte alles, so schien es zumindest von außen. Sollte ich den Schein wahren und den einfachen Weg wählen oder in die Ungewissheit starten?

Es ging nicht mehr, und obwohl ich dort nichts auszusetzen hatte, konnte ich keine Freude an diesen eintönigen Arbeitsabläufen empfinden, und der Gedanke daran, bis zur Rente in einem goldenen Käfig gefangen zu sein, ließ mich erschaudern. Ich wollte unbedingt mein »eigenes Ding« machen, unabhängig, kreativ und frei von äußeren Zwängen. Sprichwörtlich fühlte ich mich wie eine Wüstenspringmaus im Lurchterrarium, zumindest kann ich mir ansatzweise vorstellen, wie sich so eine Maus in einer für sie artfremden Umgebung fühlen könnte. Und dann hatte ich auch immer wieder Angst vor dem entscheidenden Schritt hinein in das Ungewisse. Ich kenne diese bohrenden Gefühle, die Menschen davon abhalten, sich auf etwas »Neues« einzulassen, nur zu gut aus meinem eigenen Leben. Mir ist zu diesem Zeitpunkt schlagartig bewusst geworden: Jetzt oder nie! Diese Erkenntnis setzte mir immer mehr zu, bis zu dem Punkt, an dem ich nicht mehr anders konnte und die Reißleine gezogen habe. Jetzt, wo ich diese Zeilen schreibe, erinnere ich mich nur zu gut an die schlaflosen Nächte und die quälenden Gedanken, die mich damals umtrieben.

Diesen Schritt zu gehen und diese klare Entscheidung zu treffen, verlangte mir großen Mut ab. Ich bin meinem Herzen gefolgt und habe schlussendlich meine Ängste überwunden. Diese ganzen »Ups & Downs« habe ich in meiner Gefühlswelt selbst schmerzhaft durchlitten. Ich habe einen sehr langen Weg über nun fast ein halbes Jahrhundert beschritten und über viele Stationen persönlicher Weiterentwicklung, zahlreichen Ausbildungen, Berufe, Mentoren, Coaches und teure Lehrer, meinen Ausstieg aus dem Hamsterrad geschafft, mit acht ganz speziellen Schritten, über die ich meine Berufung zu meinem Beruf gemacht habe.

»Wer sein Ziel kennt, findet den Weg.«

(Laotse)

Diese acht Schritte stelle ich dir in diesem Buch noch vor.

Heute tue ich das, was ich wirklich liebe. Als Bestimmungscoach mit fundierten Aus- und Weiterbildungen zum zertifizierten Resilienztrainer und VAK-Coach, sowie als erfahrener Yager Code-Therapeut, führe ich Menschen mit meiner eigenen Methode sanft und behutsam durch das Nadelöhr ihrer Zweifel und Ängste, und bringe sie in kürzester Zeit an den Punkt, an dem sie die gefestigten Entscheidungen treffen, die sie dazu befähigen, ihrer echten Herzensleidenschaft zu folgen, von der sie existenziell gut leben können. Ich kann dir aus eigener Erfahrung nur raten, einen Coach oder Mentor als Unterstützung zur Seite zu nehmen. Mir hat es enorm viel Zeit, Geld und Energie erspart, um an meine Ziele zu kommen. Gerne unterstütze ich auch dich bei der Erreichung deiner ganz persönlichen Ziele.

Kapitel 5
Komfortzone

Vor ein paar Monaten war ich mit einem meiner Mentoren auf einer Wanderung. Wir verstanden uns wie immer sehr gut und beschlossen spontan, in die wunderschöne Sächsische Schweiz zu fahren und dort ein paar der atemberaubenden Wanderwege abzugehen. Wie zu erwarten, sprachen wir nicht viel, sondern konzentrierten uns auf den Boden des Waldes, die Luft der Berge und Täler, die Natur im Generellen um uns herum, und kamen erst später ins Gespräch, als wir in eine Wirtschaft einkehrten, um uns für die Abendrunde zu stärken.

Auch in diesem Gespräch ging es nicht um Persönlichkeitsentwicklung und Erfolg, jedenfalls nicht derart vorherrschend, wie sonst in den Gesprächen, die wir führten. Wir redeten stattdessen über unsere Familien, weitere Reiseziele, und über den Klimawandel.

Ich erinnere mich nicht mehr punktgenau, an welcher Stelle er darauf einging, aber irgendwann sprach er von »dem Wichtigsten«, was er seinen Klienten stets mitgeben würde. Er sagte: »Wenn es nur eine Sache gibt, die ich einem jeden Menschen, der an Wachstum interessiert ist, mitgeben sollte... dann wäre es die, regelmäßig seine eigene Komfortzone zu verlassen, und sogar zu sprengen. Meiner Erfahrung nach gibt es keine andere Maßnahme, die dich auf so vielen Ebenen bereichert und deinen Horizont auf so gravierende Weise erweitert.«

Die Komfortzone also - sie begegnete uns in diesem Buch schon das ein oder andere Mal, was ist damit eigentlich genau gemeint?

Die Komfortzone stellt die Gesamtheit aller Situationen dar, in der wir uns wohl fühlen. Wir werden nicht gefordert, es drückt, zieht und schmerzt nicht - ein angenehmer Zustand, ein Wohlfühlprogramm. So weit, so nett. Das Problem an der Komfortzone ist, dass wir nicht wachsen können, wenn wir diese nicht verlassen.

Die Komfortzone ist in vier Zonen von innen nach außen aufgeteilt:

Komfortzone | Du fühlst dich sicher und entspannt.

Angstzone | Hier agieren Ausreden, Selbstzweifel und die Meinung anderer.

Lernzone | Hier lernst du neue Fähigkeiten (»Skills«), gehst Probleme an und achtest auf deine eigene Meinung.

Wachstumszone | Hier hast du deine Leidenschaft gefunden, lebst deine Träume und setzt dir neue Ziele.

Zwischen der Komfortzone und dem Erfolg liegt das, was uns weh tut: Der Schmerz. Und genau in den müssen wir hinein, wenn wir einen Schritt nach vorne gehen wollen. Und das ist der Punkt, an dem die meisten Menschen aufgeben; die Komfortzone zu verlassen, ist nicht einfach. Im Gegenteil; eine solche Erfahrung kann bitter schmerzen. Im vorherigen Kapitel erzählte ich davon, wie ich meinen gut bezahlten Geschäftsführerposten an den Nagel gehängt habe. Das war für mich ein Sprung in den Schmerz, das war für mich das Erweitern meiner Komfortzone - aber auch nur deshalb konnte ich wachsen und hatte die Möglichkeit, ein Leben im Fortschritt und Wachstum zu führen.

Wenn du ein Geschäft gründen möchtest, dann ist erstmal alles neu und ungewiss, du hast noch keine Sicherheit, und alle Aufgaben fühlen sich an, als wärst du ihnen nicht wirklich gewachsen. Aber nur, indem du dich trotzdem an sie heranwagst, wirst du sie irgendwann meistern können. Die Kunst ist, sich nicht von Erfahrungsberichten anderer Menschen in die Irre führen zu lassen. Es gibt diesen Spruch: »Wenn ich gewusst hätte, wie viel Schmerzen und Herausforderungen ich haben werde, hätte ich gar nicht erst angefangen...« - und ich halte diesen Spruch für verheerend, weil er alle diejenigen demotiviert, die im Begriff sind, den entscheidenden nächsten Schritt zu gehen.

Wenn du einen geschäftlichen Erfolg haben möchtest, dann darfst du regelmäßig deine Komfortzone verlassen.

Hier einige Beispiele:

- einen unangenehmen Kunden oder überhaupt Kunden anrufen
- klare Ziele manifestieren
- vor einer Gruppe an Investoren pitchen
- Strategien und Methoden auf- und umsetzen
- deine Persönlichkeit stets weiterentwickeln
- selbstbewusst den Verkaufsabschluss suchen
- und so weiter…

Alle diese Situationen werden dir den Schweiß auf die Stirn zaubern, aber alle diese Situationen werden auch, und das ist es, was du nicht vergessen darfst, dazu führen, dass du persönlich wachsen und Erfolg haben wirst. »Erfolg wird per Vorkasse bezahlt«, heißt ein Spruch; und in Bezug auf die Komfortzone kann ich das definitiv unterschreiben. Die Frage ist immer: Was kannst du jetzt und heute tun, um den entscheidenden Schritt nach vorne zu kommen? Es ist meist nicht die Steuererklärung, es ist auch nicht die Ablage. Es ist zum Beispiel das Akquirieren eines neuen Kunden, oder das Lösen einer anderen Aufgabe, für die du dich strecken musst. Dieses »Strecken« haben wir verlernt; wir gehen davon aus, dass alles irgendwie leicht gehen müsste.

Im Laufe der Zeit habe ich festgestellt, dass es drei große Ängste gibt, die dich davon abhalten, nach vorne zu kommen: Die erste große Angst ist die vor dem Misserfolg. Fehler zu machen und Misserfolg zu ertragen ist existenziell wichtig für unser persönliches Wachstum. Fehler machen und lernen, Fehler machen und lernen, Fehler machen und lernen, und immer so weiter. Das ist die Königsdisziplin der wahren Meister, nur so wirst du ein echter Gewinner. Wer wagt, gewinnt!

Die zweite Angst ist die vor Überanstrengung. Wir strecken uns nicht mehr, glauben, es müsse uns allen auf leichte Weise vor die Füße fallen. Pustekuchen! Das Gegenteil ist der Fall. Nur, wer den Muskel nicht nur zehnmal, sondern ein elftes oder gar ein zwölftes Mal beansprucht, wird ihn dazu bringen, zu wachsen. Die Kunst liegt darin, ein ausgewogenes Mittelmaß zwischen Anstrengung und Erholung zu finden.

Die dritte Angst ist die vor der sozialen Zurückweisung. Wir wollen stets gemocht werden, wir wollen überall »nett« rüberkommen, nirgendwo anecken und uns bloß keine Feinde machen. Ich sage nicht, dass es richtig wäre, sich »Feinde« zu machen. Aber ich denke auch, dass es notwendig ist, zu seinen Ecken und Kanten und außergewöhnlichen Zielen zu stehen, auch dann, wenn diese ab und zu konträr zu den Interessen deines Gegenübers sind. Nur derjenige, der sich durchbeißt und sich traut, auch mal eine Gegenposition zu vertreten, wird die Anerkennung und den Respekt bekommen, den er braucht, um nicht nur eine oder zwei, sondern gleich fünf oder sechs Stufen auf einmal zu nehmen.

»Wer immer tut was er schon kann,

bleibt immer das was er schon ist.«

(Henry Ford)

Zuletzt brauchst du eine Prise Vertrauen. An dieser Stelle wird es etwas abstrakt, manche würden sagen: esoterisch. Denn »Vertrauen« können wir nicht anfassen, nicht sehen und nicht kauen. Es ist ein Konzept des Glaubens. Des Glaubens daran, dass uns Positives beschieden ist, und dass alles aus einem Grund und, viel wichtiger, für uns passiert, nicht gegen uns. Wenn du dieses Vertrauen gefasst hast, wir könnten auch »Urvertrauen« dazu sagen, kann dir nichts mehr passieren. Auf einer spirituellen Ebene bist du »angekommen« und mit beiden Beinen im Leben stehend. Das macht dich nicht kopflos, aber entspannter. In dir kann sich die Kraft entfalten, die deinem Potenzial entspricht, weil du nicht ständig über »mögliche Auswirkungen« nachdenkst. Du weißt, dass es kommt, wie es kommen soll. Du wirst risikofreudiger, ohne dabei ins offene Messer zu laufen. Du spielst befreit auf, siehst mehr Chancen und hast dich von der Angstgesellschaft abgeklemmt.

Deine Aufgaben:
Fertige eine Liste mit Aufgaben und Maßnahmen an, die auf deiner Agenda stehen, und die du bisher etwas vor dir hergeschoben hast. Achte darauf, dass du diese Liste danach sortierst, wie wichtig die einzelnen Elemente sind, hinsichtlich deines beruflichen Erfolges. Lasse dich nicht irritieren davon, dass manche dieser Aufgaben vielleicht dringlich erscheinen; das allein macht sie noch nicht wichtig. Und jetzt  achte darauf, wie viele dieser wichtigen Aufgaben erfordern, dass du deine Komfortzone verlässt.

Arbeite sie Schritt-für-Schritt ab. Wenn du Schwierigkeiten hast, mache die mentalen Bilder in deinem Kopf groß, damit du weißt, was dein »Warum?« dahinter ist. Bemerke, wie sich nachher, wenn du die Aufgabe bewerkstelligt hast, deine komplette Wahrnehmung auf die Dinge ändert. Herzlichen Glückwunsch - du bist ein Stück gewachsen.

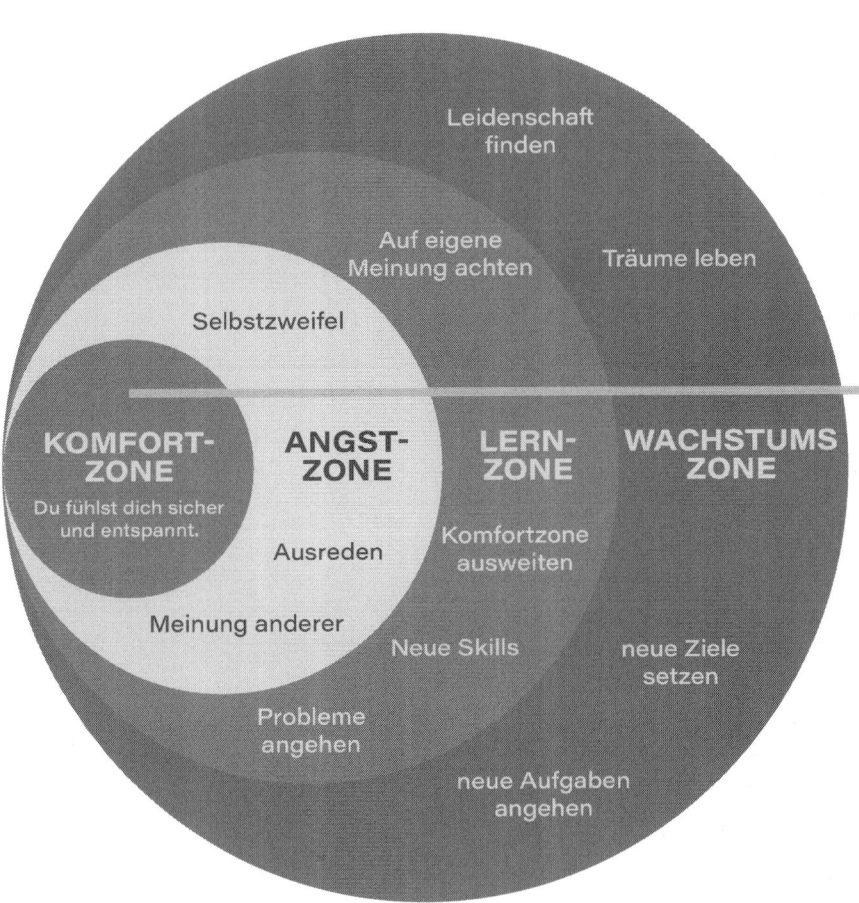

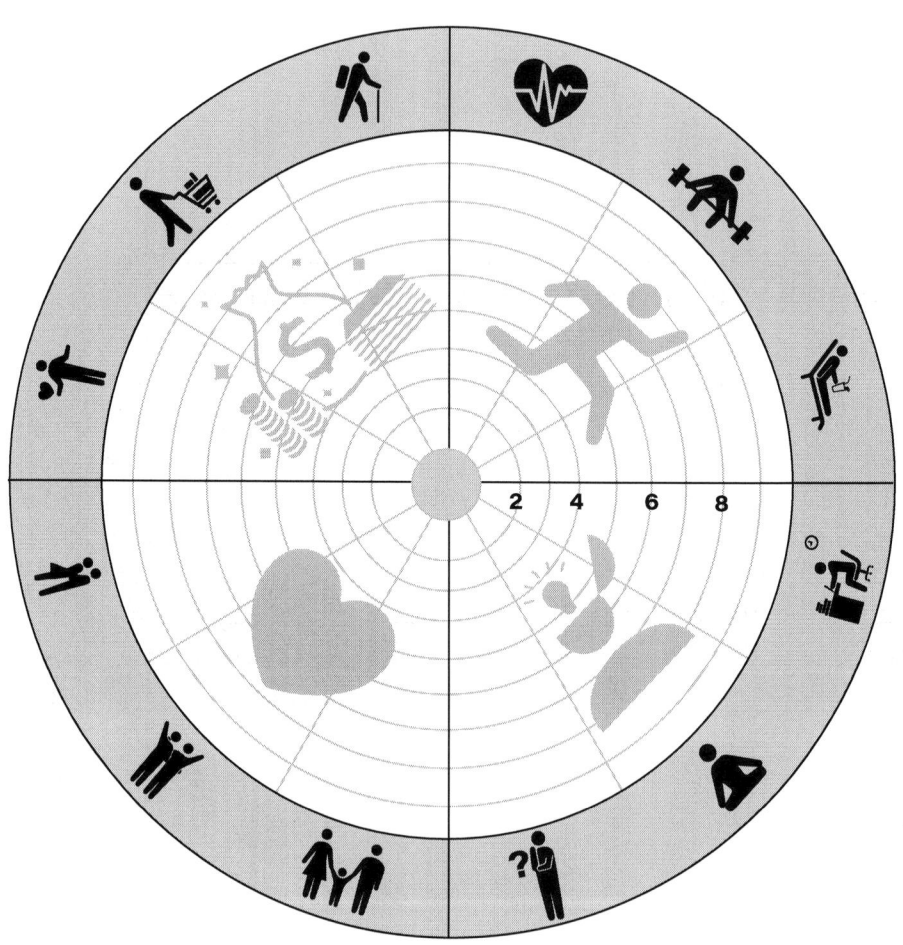

Kapitel 6
Die fünf wichtigsten Lebensbereiche

Auf dem Weg zu seiner wahren Bestimmung ist es wichtig, die fünf wichtigsten Lebensbereiche in Einklang zu bringen, fünf Bereiche, um ein harmonisches, ausgeglichenes Leben zu führen. Bricht einer der Lebensbereiche weg, hat das Auswirkungen auf deine Lebensqualität, und auch auf die anderen vier Bereiche. Das beste Beispiel hierfür ist die Gesundheit; kennen wir nicht alle die Geschichte vom Multimillionär, der sich finanziell zwar alles leisten kann, diesen Luxus aber nicht genießen kann, weil er sterbenskrank ist?

Du verstehst das Prinzip; das Ausbalancieren der Lebensbereiche ist wichtig, weil das Gleichgewicht dieser Lebensbereiche eine der Voraussetzungen für dein persönlich empfundenes Lebensglück ist. Das Lebensrad sollte im Optimalfall sprichwörtlich »rund laufen«. Was vereint uns Menschen, warum »machen wir das alles« hier? Weil wir glücklich sein wollen. Wir mögen das Wohlbefinden und die Zufriedenheit, aber im Endeffekt wollen wir alle den Zustand der Glückseligkeit im Hier und Jetzt erreichen. Die erreichen wir, indem wir uns der fünf Lebensbereiche annehmen und uns Pläne dafür überlegen, wie wir diese in Einklang bringen können:

1. **Gesundheit**
2. **Beziehungen**
3. **Beruf, Berufung**
4. **Finanzen**
5. **Sinn des Lebens / Erfüllung**

Lass uns die Lebensbereiche jetzt einzeln ansehen und dafür sorgen, dass du konkrete Handlungsempfehlungen erhältst, die du direkt in deinen Alltag einbauen kannst. Um das Wissen dieses Kapitels gewinnbringend ein- und umzusetzen, bitte ich dich jetzt darum, dir die praktischen Handlungsempfehlungen anzusehen und zu überlegen, inwiefern du diese in deinen Alltag integrieren kannst.

➲ Gesundheit

Uns Menschen ist zu unserer Geburt ein Körper geschenkt worden. Ein Wunderwerk der Natur, in das unsere Seele verpflanzt wurde, und das wir im besten Fall weit über 90 Jahre unser Eigentum nennen dürfen. Die Frage ist also, mit welchem Kraftstoff bzw. mit welcher Energiequelle du dieses Wunderwerk tagtäglich füllst, und ob du behutsam und pfleglich mit deinem Körper umgehst. »Tankst« du genau den Treibstoff, der deinen Körper auch noch in fünf, zehn oder zwanzig Jahren fit halten wird? Oder gehörst du dem »Team Kurzsichtigkeit« an, das heute vollends im vermeintlichen »Genuss« lebt, und damit seine Gesundheit für die nächsten Jahre aufs Spiel setzt? Die meisten Menschen schätzen ihre Gesundheit erst, wenn sie nicht mehr da ist. Du darfst und solltest auch mal sündigen. Wichtig ist nicht, was du isst, sondern, ob du maßvoll und mit echtem Genuss isst. Die Mischung macht es; wer ausschließlich asketisch lebt, hat vermutlich wenig Freude am Leben und kann den gegenwärtigen Moment nicht in vollen Zügen genießen.

Frage dich bei allem, was du dir gönnst, ob es deine Energie steigern oder senken wird. Du bist, was du isst. Und wenn du etwas zu dir nimmst, was deine Energie beeinflusst, dann tue dies im vollen Bewusstsein dafür. Überhaupt ist es wichtig in seinen Körper zu spüren und ein Gefühl der Achtsamkeit für seinen »Transporter« zu entwickeln.

➔ Beziehungen

Gute Beziehungen setzen echtes Interesse füreinander voraus. Hast du einen Partner oder eine Partnerin, die dich auch durch schlechte oder nicht so gute Zeiten begleitet hat, bist du schon mal ein Glückspilz, denn hier trennt sich meist die Spreu vom Weizen, und du weißt, dass du dich zu 100 % auf deinen Partner verlassen kannst. Nimm auch deine Freunde als Beispiel; sind diese »immer« für dich da gewesen, in guten wie in schlechten Zeiten? Wahre Freundschaften baut man über Jahre auf, indem man selbst der Freund ist, den man sich selber wünscht. Du solltest also nicht darauf warten, bis sich irgendwann wie durch Zauberhand ein guter Freund einfindet, sondern du darfst selbst aktiv werden. Feste Beziehungen und Freundschaften halten selbst den stärksten Einflüssen von außen stand, und überleben auch dann, wenn man sich nicht jede Woche einmal zum Kaffee trinken trifft.

»Richtig gute Freunde sind die Menschen, die dich genau kennen, und trotzdem zu dir halten.«

Das trifft auch auf die Partnerschaft zu; Familie und Kinder bilden ein starkes Fundament für alle anstehenden Aufgaben. Blut ist dicker als Wasser; wir alle kennen die Situation nach einem Streit mit seinem Partner. Es fühlt sich hinterher alles träge und schwer an, man kann sich nicht mehr so gut konzentrieren, die Gedanken fliegen einem nur so durch den Kopf, man kommt fast nicht zur Ruhe. Deshalb ist eine funktionierende, harmonische Beziehung zu seinen Mitmenschen und Liebsten ausgesprochen wichtig für die Realisierung großer Träume. Es gibt diesen Spruch: »Glück ist das Einzige, was sich verdoppelt, wenn man es teilt«. Vernachlässige nicht deine Eltern oder restlichen Verwandten und Bekannten. Betreibe aktives Networking, verbrüdere dich mit Menschen, sei für sie da, bitte sie um Gefallen und helfe, wann immer du kannst. Nicht aufopferungsvoll, als hättest du kein eigenes Leben, sondern barmherzig und großzügig, sodass du die Anderen mit deiner Güte inspirieren kannst.

➲ Beruf und Berufung

Wir befassen uns hier genau mit diesem Thema: Mache etwas, was dein Herz zum Singen bringt, und was dich jeden Morgen aufgeregt aus dem Bett hüpfen lässt. Sobald du merkst, dass die Leidenschaft für deine Tätigkeit sinkt, solltest du Ursachenforschung betreiben. Was ist es, was dir keinen Spaß mehr macht? Häufig ist es nicht »das Gesamte«, sondern nur ein Teilbereich, den man korrigieren und beheben kann. Du verbringst als Arbeitnehmer zirka neun Stunden täglich auf der Arbeit, für die du selbst den Arbeitsvertrag unterschrieben und somit akzeptiert hast. Du hast dich also aus freien Stücken dazu entschlossen, etwa ein Drittel deiner wachen Lebenszeit auf dieser Arbeitsstelle zu verbringen. Was hat dich dazu animiert? Das hohe Einkommen oder nur der kurze Arbeitsweg? Empfindest du Lust oder Frust auf Arbeit?

Wenn dieser Job deinem wahren Wesen, Neigungen und Interessen entspricht, hast du gewonnen und kannst dich glücklich schätzen. Größtenteils sehen die Fakten leider anders aus, was sich an der ständig steigenden Anzahl an »Burn Out« und ähnlichen Erkrankungen erkennen lässt. Frage dich, ob du bereit bist, bis an dein Lebensende und mit großer Freude deine jetzige Tätigkeit auszuführen. Bist du überhaupt in der Lage dazu? Folge deinem Herzen, nimm dir Zeit für dich und deine Träume und Ziele. Habe Mut, dem Ruf deines Herzens zu folgen. Eine Antwort darauf, wird sich spätestens hier abzeichnen. Du kannst meine »Acht-Schritte«-Formel nutzen, um aus dem Hamsterrad auszubrechen, und gerne stehe ich dir auch persönlich als Coach & Mentor zur Verfügung, um dich auf dein nächstes Level zu bringen.

➜ Finanzen

Sind wir ehrlich: Ohne Geld macht das Leben keine Freude. Es geht nicht nur darum, für sich und seine Liebsten sorgen zu können (ein Dach über dem Kopf, Essen und Trinken, medizinische Versorgung und so weiter), sondern (a) etwas auf der »hohen Kante« zu haben, und (b) sich ab und zu mal etwas gönnen zu können. Wer ausschließlich seine Miete, sein Butterbrot und seine Versicherungen bezahlt, sich aber niemals einen Jahresurlaub leisten kann, der weiß, wovon ich spreche. Von deinem neuen Business, das auf deiner Herzensleidenschaft beruht, und das wir entweder gemeinsam neu aufbauen oder sinnvoll erweitern, sollst du nicht nur existenziell gut leben können; im besten Fall sollst du damit auch richtig viel Geld verdienen, um dir deine Wünsche und Ziele erfüllen zu können. Nur du selbst entscheidest darüber, abhängig oder unabhängig zu sein.

Du hast die Wahl. Wir sind so geprägt, dass uns diese Wahlmöglichkeiten überhaupt nicht bewusst sind. Beispiel gefällig? Es gibt diesen berühmten Glaubenssatz: »Geld macht nicht glücklich«. Vielleicht kennst du ihn aus deiner Kindheit und Jugend. Kannst du dir vorstellen, welchen Schaden dieser Glaubenssatz auf so vielen Ebenen anrichtet? Er hält dich nicht nur davon ab, viel Geld zu verdienen, sondern geißelt gedanklich auch diejenigen, die zu großem Vermögen gekommen sind. Anstatt zu sagen: »Dieser wohlhabende Mensch scheint etwas Außergewöhnliches geleistet zu haben, ich sollte mich an ihm orientieren und ihn vielleicht um einen Rat bitten«, vergräbst du dich in deinem negativen Glaubenssatz und schimpfst über Geld? Du bist dann gegen etwas; besser wäre es, für etwas zu sein und mit dem Strom zu schwimmen, statt seine Kraft zu verschwenden. Das Leben ist nun mal kein Kampf. Auch und schon gar nicht in der Beziehung zu Geld. Besser wäre, diesen Glaubenssatz zu ersetzen, etwa durch »Geld allein macht nicht glücklich«, oder aber direkt ins Gegenteil: »Geld lässt mich sicherer schlafen.« Klingt schon förderlicher, oder? Alle diese Lebensbereiche unterliegen dem Naturgesetz der Polarität, welches besagt, dass du einen Ausgleich schaffen musst, wenn du auf der einen Seite zu viel abhebst. Alles ist im ständigen Ausgleich begriffen. Alles, was du aussendest, kehrt zu dir zurück.

➲ Sinn des Lebens

Wofür bist du auf der Welt? Dieser Punkt ist ein klein wenig verwandt mit dem Punkt der Berufung, aber nicht ganz; denn dieser umfasst auch private Interessen, Hobbys und Leidenschaften, und noch mal alle Punkte in Summe gemeinsam. Lebst du das Leben deiner Träume? Wir alle haben uns, als wir herangewachsen sind, einmal vorgestellt, wie wir leben wollen, wenn wir mal 35, 45, 55 oder älter sind. Die Frage ist: Lebst du genau dieses Leben? Oder an welchen Stellen möchtest du noch schrauben und drehen? Jetzt hast du »noch« die Möglichkeiten, ergreife sie oder höre auf, über deinen aktuellen Stand zu jammern.

Mit den konkreten Tipps hast du jede Menge »zu tun« und kannst diese Sachen alle in deine Wochenplanung mit einfließen lassen.

Weiter geht's!

Kapitel 7
Gesetz der Anziehung

Auch bei der sprichwörtlichen »breiten Masse« findet ein Umdenken statt, in Bezug auf Achtsamkeit, altes Wissen und Spiritualität. Es scheint langsam »in Mode« zu kommen, andere Aspekte für ein ausgeglichenes, erfolgreiches Leben in Betracht zu ziehen. Mir persönlich hat das Umdenken enorm geholfen, Klarheit über mich und mein Leben zu erlangen. Alle diese Fragen, die die Menschheit seit Jahrtausenden Jahren beschäftigen, die ewige Suche nach Bestimmung, Sinn und Erfüllung, münden meiner Meinung nach in der Erkenntnis und Wissen über Spiritualität. Es gibt Dinge zwischen Himmel und Erde, Dinge, die wir nicht begreifen können. So gibt es ganz »normale« physikalische Naturgesetze, wie wir sie kennen, wie das Gesetz der Schwerkraft. Es gibt aber noch andere Naturgesetze, bei denen das nicht so einfach zu begreifen ist, und doch existieren sie, genau wie alle anderen. Eines der wichtigsten »unsichtbaren« Naturgesetze ist das Gesetz der Anziehungskraft, das Resonanzgesetz. Auf den letzten Seiten habe ich dieses Gesetz der Anziehung angeschnitten, mit dem wir uns nun in diesem Kapitel näher befassen wollen.

Anfang der 2000er Jahre kam ein Buch auf den Markt (und der dazugehörige Film in die Kinos), der die Menschen aufrüttelte und Kontroversen auslöste. Teilweise schaffte er es sogar bis in deutsche Talkshows; »The Secret« hieß das Werk von Rhonda Byrne, und Skeptiker beklagten vor allem die großen Versprechungen, die gemacht wurden sowie die sektenähnliche Aufmachung des Ganzen.
Nun betrachtet diese Quelle aber auch die Anwendung und Umsetzung dieses Naturgesetzes über tausende Jahre durch die jeweils

herrschenden Klassen. Die Menschen kannten »das Geheimnis« und die damit verbundenen Möglichkeiten und nutzten sie zu ihren Gunsten. Allerdings diente das uralte Wissen nur denjenigen, die Kenntnis darüber hatten. Und so blieb es größtenteils den Königen und Adeligen vorbehalten. Das »gemeine Volk« sollte nichts von diesem Geheimnis wissen, und somit wurde es von Generation zu Generation ausschließlich an die »Wissenden« weitergegeben. Viele erfolgreiche Menschen, Prominente, Musiker oder Politiker nutzen heute dieses Wissen über das Gesetz der Anziehung, und auch Quantenphysiker beschäftigen sich aus wissenschaftlicher Sicht intensiv mit diesem Thema. Ich möchte dich in diesem Kapitel auf die unglaublichen Möglichkeiten hinweisen, die sich ergeben, wenn man dieses Naturgesetz für sich nutzt. Das Gesetz der Anziehungskraft ist ein Naturgesetz und somit unumstößlich und wirksam. Es sind gewisse Vorkehrungen nötig, und die entsprechenden Voraussetzungen müssen geschaffen werden, um die erforderlichen Mechanismen in Gang zu bringen. Mit denen wollen wir uns in diesem Kapitel befassen.

Wenn mich mein Kind heute fragen würde, was das »Gesetz der Anziehung« ist, dann würde ich in etwa so antworten: Das Gesetz der Anziehung ist ein geistiges Naturgesetz, das dafür sorgt, dass du immer mehr von dem bekommst, was du bereits bist. Der Satz wirkt grammatikalisch ein wenig »unrund«, aber genau das ist er auch, denn ich will bereits jetzt sicherstellen, dass hier keine »falschen Hoffnungen« gemacht werden: Das Gesetz ist kein Zaubertrank und kein Allheilmittel, und es reichen auch nicht die puren Gedanken, um sich in andere Zustände hinein zu transportieren.

Das Gesetz der Anziehung (oder auch: Gesetz der Resonanz) stellt sicher, dass du das anziehst, was du nach dem Gesetz der Resonanz aussendest. Der »Erfolgreiche« zieht den Erfolg an, der »Liebevolle« die Liebe, und der »Geldmagnet« zieht Chancen an, mit denen er sein Geld vermehren kann. Gleiches zieht Gleiches an, egal in welchem Lebensbereich. Wie die physikalischen Naturgesetze, so gelten auch die geistigen Naturgesetze immer und ohne Ausnahme, also auch dann, wenn du dir bewusst keine Gedanken über sie machst. Wenn du etwa auf deinem Schreibtischstuhl umherfährst, brauchst du keine erweiterten Kenntnisse über die Schwerkraft; du wirst ihr einfach ausgesetzt sein, und mit den geistigen Gesetzen ist es das Gleiche. Seit deiner Geburt wirst du in eine bestimmte Richtung »geformt«, und es ist an dir, herauszufinden, welche Richtung das bisher war.

Was denkst du wirklich über ein Thema? Betreibst du Gedankenhygiene oder lässt du jeden »Müll« auf dein Gehirn einwirken? Mit welchen Informationen fütterst du tagtäglich deinen Geist? Du kannst es herausarbeiten, indem du dir ansiehst, wie es um deine jetzigen Resultate bestellt ist. Wenn du überprüfen möchtest, wie es um deine wirklichen Gedanken rund um Geld geht, dann solltest du dir deinen Kontostand anschauen; wenn du sehen möchtest, wie empfänglich du für Beziehungen bist, kannst du dies an deinem jetzigen Status abmessen, was deine Freund- und Partnerschaften angeht. Und so kann man alle Lebensbereiche unter diesem Aspekt betrachten.

Du kannst nur haben, was du (bereits) bist.

Dies zu begreifen, ist vermutlich eine der schwersten (Denk-)Aufgaben, die es zu bewältigen gilt, wenn du ein wenig in die spirituelle Welt eintauchen und dein Leben auch auf dieser Ebene bereichern möchtest.
Sobald du glaubst, du müsstest im Außen etwas besitzen, was du jetzt noch nicht besitzt, implizierst du eine Trennung, die nicht wahr

ist, da alles mit allem verbunden ist. Du »hast« auf einer gewissen Ebene diese Dinge bereits, du kannst sie nur (noch) nicht im außen wahrnehmen. Die spirituelle Lehre, aber auch die wissenschaftliche Quantenphysik geht davon aus, dass alles miteinander verbunden ist. Jedes Atom kann nur existieren, weil ein anderes Atom genau neben ihm existiert, und jedes Molekül kann sich gerade nur in die eine Richtung drehen und bewegen, weil das »Nachbarmolekül« ihm dahingehend »in die Karten spielt«. Das ist nichts, was dich überfordern müsste; es ist ein angenehmer Gedanke, der dazu führen sollte, dass du Liebe empfindest für alles, was du in deiner Welt wahrnimmst. Es ist sogar die weitaus klügere Option, diese Liebe zu empfinden, weil du sowieso mit dem, was du siehst, verbunden bist. Alles ist miteinander verbunden. Die Gedanken, die Atome, die Moleküle. Du bist mit anderen Menschen verbunden, wir alle tragen das gleiche universelle Bewusstsein in uns. Das befähigt uns dazu, mit den richtigen Schritten die weitere Entfaltung des Universums in »unsere« Richtung zu lenken. Kurzer Break: Denke mal ganz kurz über die Unendlichkeit des Universums nach, nur ganz kurz und lies dann weiter.

Wir werden ausschließlich das in unser Leben ziehen, was wir auch selbst sind. Wenn du etwas haben möchtest, materieller Wohlstand, Gesundheit, deinen Traumberuf, glückliche Beziehungen, dann musst du erst sein, was du in dein Leben bringen möchtest.

Es klingt ein wenig paradox; wie können wir etwas sein, was wir haben wollen? Einfach lässt sich das am Beispiel des Traumpartners erklären; einen solchen zu finden, also eine Frau oder einen Mann, mit der oder dem man gerne zusammenleben möchte, ist dann besonders einfach, wenn du selbst diesen Traumpartner verinnerlichst. Möchtest du eine Frau finden, die liebevoll mit dir umgeht? Einen Mann, der wie ein Fels in der Brandung ist und stark wirkt? Dann tust du gut daran, diese Eigenschaften selbst in dir auszuprägen. Erst dann, wenn du die Schwingungsebene erreicht hast, auf der sich die Menschen befinden, die du in dein Leben bringen möchtest, wird es wie ein Kinderspiel für dich werden. Und glaube mir, du wirst es schaffen! Du wirst wahre Wunder erleben dürfen.

Natürlich nicht von heute auf morgen, auch hier wird dich das Leben darauf testen, ob du es ernst meinst. Das ist auch genau das, was du tun solltest, wenn du beruflich deinen Weg finden und erfolgreich sein möchtest; komm ins Fühlen! Sei derjenige, der erfolgreich ist, der sich in seinem Körper wohl fühlt, der das entspannende Gefühl von angekommen sein jetzt schon in sich spürt.

Noch mal: Zuerst sein, dann tun, dann haben. In dieser Reihenfolge. Das ist das ganze Geheimnis. Natürlich wirken diese Appelle für jemanden, der noch ganz am Anfang steht, fast unüberwindbar. »Wie soll ich das denn machen?«, könntest du dich fragen. »Wenn ich gerade pleite bin, fällt es mir schwer, mich so zu fühlen, als sei ich Krösus!« Genau das ist aber der springende Punkt: Solange du dich »arm« fühlst, wirst du arm bleiben, du wirst dich selbst bestätigen und in deiner Welt genügend Anzeichen dafür finden, die dir zeigen, dass du arm bist. Durch dein Mangeldenken wirst du diese Zustände immer wieder in dein Leben ziehen. Steht also bei einem Wunsch oder einer Zielsetzung die Frequenz von einem Mangel oder einer Angst im Vordergrund, so werden Umstände angezogen, die die Angst oder den Mangel bestätigen oder sogar verstärken. Wer eine Verbesserung seiner Lebensumstände wünscht, ist aufgefordert, sich mit den Gefühlen der Angst oder seines Mangels anzufreunden, sie zu akzeptieren und sich intensiv damit auseinanderzusetzen, sich ins »Gefühl« zu bringen und diese dann zu transformieren, bis sich das befreiende Gefühl von Fülle und Vertrauen einstellt. Erst dann kann für uns ein spür- und sichtbares Ergebnis angezogen werden. »Du musst erst sein, was du haben willst« - die Verwirrung lässt sich auch dadurch auflösen, dass wir uns klarmachen, dass wir zu jeder Sekunde schaffen und produzieren. Es geht quasi gar nicht, dass wir nicht produzieren. Egal, was du tust, ob du gerade atmest, ein Brötchen isst, einen Kaffee trinkst, jemanden anschreist oder dir negative Gedanken über Geld und Erfolg machst; in jeder Millisekunde erschaffst du etwas. Und mein Credo an der Stelle ist: Wenn du schon etwas erschaffst, dann doch bitte in die Richtung, die dir und deinen Zielen dienlich ist.

Schritt für Schritt Anleitung - wie du das Gesetz der Anziehung für dich nutzen kannst:

Schritt #1:
Ziel definieren

Der erste Schritt, um dir die Erfüllung eines Zieles zu manifestieren ist, das Ziel überhaupt erst zu definieren. Mach es dir hierbei nicht zu einfach; nenne nicht nur materielle Gegenstände, wie etwa einen schicken Sportwagen oder ein großes Haus, sondern befasse dich mit Zuständen, die du erreichen willst, mit Wesenszügen, mit Charaktereigenschaften und Gefühlszuständen. Lasse dich über die Gefühle leiten. Willst du dich gesund fühlen? Willst du dich reich, wohlhabend und erfüllt fühlen? Du musst dir vollkommen klar darüber sein, was du sein und tun möchtest.

Definiere das Ziel so, als hättest du es bereits erreicht. Sage nicht: »Ich würde gerne ein Haus haben«, denn auf diese Weise spieltest du wieder der Trennung in die Karten und machtest deinem Geist klar, dass du das, was du haben möchtest, eben noch nicht hast, und verstärkst dadurch diese Trennung.

Formuliere stattdessen: »Ich bin glücklich und dankbar dafür, dass...« (Ziel im Jetzt definieren).

Konkretes Beispiel: »Ich bin glücklich und dankbar dafür, dass ich ab sofort in einer tiefen, liebevollen, wertschätzenden Partnerschaft voller Achtung und Respekt, sowie richtig guten Sex bin.«

Beziehung und Partnerschaft ist einer der fünf Lebensbereiche, der auch wichtig für deinen zukünftigen beruflichen Erfolg ist. Außerdem darfst du beachten, dass du positive Formulierungen verwendest, da das Universum kein »nicht« kennt. Wenn du dir Gesundheit wünschst, darfst du nicht denken »Ich möchte nicht krank werden«, sondern formulierst es so: »Ich bin kerngesund und fühle mich pudelwohl in meiner Haut«.

Formuliere deine Ziele immer unter der Betrachtung für etwas, und nicht gegen etwas zu sein.

Schritt #2:
Ziel visualisieren

Du hast klar beschrieben, wie dein Wunschzustand aussieht. Der nächste Schritt ist, diesen zu visualisieren, das bedeutet, ihn vor dein geistiges Auge zu stellen, und das so häufig, wie es nur geht. Der »Trick« an der Sache ist, dass du dein Unterbewusstsein mit diesem neuen (mentalen) Bild »füttern« wirst, und dass es sich irgendwann in eine Art der Gewohnheit einschleifen wird, sodass du das Bild irgendwann nicht nur in deinem Wachbewusstsein, sondern auch in deinem Unterbewusstsein manifestiert sehen wirst.

Du kannst eine Visionstafel (englisch: vision board) entwerfen. Alle Wünsche, Ziele, Träume und zukünftige Erlebnisse manifestierst du in Form von Bildern, die du auf dein Visionstafel kleben oder anbringen kannst, um deine Ziele täglich visuell zu reflektieren. Auf diese Weise wird der Anblick auf dein Traumhaus oder die Idee deines Buches zusehends normal für deinen Verstand. Wir hatten ja schon festgestellt, dass unser Gehirn nicht zwischen Wahrheit und Fiktion unterscheiden kann; du unterlegst das Bild also immer wieder mit Gefühlen, verankerst immer deutlicher eine neue Wahrheit in dir, und irgendwann wirst du tief in dir drin wissen, dass du es erreichen und schaffen wirst!

Schritt #3:
Vertrauen und loslassen

Vertraue dem Universum, dass es deinen Wunschzustand genauso (oder besser) umsetzen wird. Lerne, die Kontrolle abzugeben. Da das Gesetz der Anziehung immer und für jeden Menschen wirkt, weißt du auch, dass du bekommen wirst, was du gerne hättest. Daher kannst du beruhigt loslassen und schon heute dankbar sein für das Ergebnis. Dankbarkeit ist der Schlüssel zum Erfolg: Sie lässt keinen Platz für negative Emotionen, wodurch sie als Verstärker wirkt. Sei dankbar dafür, dass sich dein Wunschzustand erfüllt, und lehne dich ganz entspannt zurück.

Verhalte dich so, als hätte sich dieser Zustand bereits eingestellt. Du möchtest deine wahre Bestimmung oder Berufung leben? Dann verhalte dich entsprechend.

Halte deine Formulierungen immer schriftlich (im besten Fall handschriftlich) fest und befestige das Dokument an einem Ort, an dem du täglich mindestens einmal vorbei gehst. Dann gewöhne dir an, tagtäglich diesen Text zu lesen und dich darüber von Herzen zu freuen. Diese Übung sollte dir leichtfallen, da es deinen Wunschvorstellungen entspricht.

Geh rein in das Gefühl der Freude, sieh dich in der zukünftigen Realität und spüre die Energie, die dabei durch deinen Körper fließt. Genieße dieses Gefühl mit allen Sinnen. Benutze wieder folgende Formulierung: »Ich bin jetzt so glücklich und dankbar dafür, dass...«

Schritt #4: Empfangen

Der vierte und letzte Schritt ist, dass du das Ergebnis zweifelsfrei zulassen und empfangen darfst. Gib also einen klaren Gedanken an das Universum ab: »Ich bin bereit zu empfangen.« Du würdest lachen, wenn du wüsstest, auf welche teilweise witzigen Weisen dein Wunsch in Erfüllung gehen wird. Ich arbeitete zum Beispiel mit einem Klienten zusammen, der es geschafft hat, sich eine Firma aufzubauen, in der er etwas völlig anderes macht, als das, was er mir bei unserem ersten Gespräch sagte. Über Umwege ist er dann zu seiner Herzenspassion gekommen, ohne, dass vorher auch nur ein geringstes Zeichen dafür bestanden hätte. Das sind genau die Geschichten, die das Leben schreibt, und das ist aber auch, wie das Gesetz der Anziehung arbeitet; nicht so, dass du dir von jetzt auf gleich einen Ferrari ins Wohnzimmer zaubern könntest, sondern so, dass du mit kontinuierlicher Arbeit und Durchhaltevermögen ein Bewusstsein für die Chancen schaffst, die du dir vor einem Jahr nur schwer hast vorstellen können.

Sei dankbar.

Merke dir: »Das, wofür du dich bedankst, verursacht das wofür du dich bedankst.«

Kapitel 8
Das Ego - dein Feind?!

Als ich ungefähr 40 Jahre alt war, ließen mich einige Fragen nachts nicht mehr ruhig schlafen: Was wollte ich wirklich? Wer wollte ich beruflich sein, welcher Tätigkeit aus vollem Herzen und mit Liebe tagtäglich nachgehen? Wie kann ich ein erfüllendes, unabhängiges Leben voller Energie und Lebensfreude führen? Kann ich es jetzt noch schaffen? Was ist der Sinn des Lebens?

Mein Ego hat mich zu dieser Zeit hart in Anspruch genommen und mich Tag und Nacht gequält.

Der Druck von außen in Form von:

- Entscheide dich doch endlich mal!
- Wie lange willst du dich noch ausprobieren?
- Du hast nun schon in so vielen »tollen« Berufen gearbeitet!
- Komm doch endlich zur Ruhe
- Sei doch zufrieden mit dem, was du hast!
- Dir gehts doch gut!
- Was willst du eigentlich noch?
- Irgendwann muss mal Schluss sein!

… nahmen ständig zu.

Aber so richtig wusste ich nicht, wie ich mir diese Fragen beantworten sollte; ich spürte eine Zerrissenheit in mir, weil ich fühlte, dass ich einerseits viele Talente und Fähigkeiten hatte, die ich ausführen und noch weiter feinschleifen wollte, andererseits aber zur

Ruhe kommen und mich festsetzen wollte. Folglich ergab sich ein Spannungsverhältnis, das mich viele schlaflose Nächte gekostet hat.

Deshalb machte ich mich auf die Suche nach dem Sinn des Lebens, und fand diesen nach langer intensiver Suche glücklicherweise; ich kam endlich zur Be-SINN-ung. Allerdings brauchte es Zeit, Umwege, bittere Erfahrungen sowie Fort- und Weiterbildungen, Mentoren, Coaches, teure Seminare und inspirierende Menschen sowie viele lehrreiche Lektionen.

Ich habe über viele Jahre meiner persönlichen Weiterentwicklung hohe fünfstellige Summen für Seminare und Kurse ausgegeben, um festzustellen, dass ich die Verantwortung für meine Zukunft nur einzig und allein selbst tragen kann. Ich musste mich entscheiden! Für das eine, für mein »Ding«.

Ich kann sagen, dass ich ausschließlich bei den Besten gelernt habe, wie ich ein erfolgreiches Geschäftsmodell kreiere und wettbewerbsfähig mache, wie man erfolgreich Online Marketing betreibt, wie ich mich optimal positioniere und wie ich alle notwendigen Prozesse in der richtigen Reihenfolge für mich nutze. Es ist alles so komplex - und ohne genauen Plan wird man scheitern! Das ist die Wahrheit.

Hierzu biete ich in meinem 1:1 Mentoren Programm (nur auf Anfrage) ein ganzheitliches Konzept an, welches alle Punkte im Prozess abdeckt. Vom Start bis ins Ziel, so wie ich es mir damals gewünscht hätte.
Meine Klienten profitieren von meinen »unbezahlbaren« Erfahrungen und enormen Wissen über die praxiserprobte Anwendung der komplexen Strategien und Methoden, um ihnen ein echtes Ergebnis zu gewährleisten.

Und das alles völlig ego-frei, meistens zumindest ;-)

Apropos Ego...

... mit der Zeit habe ich begriffen, dass mein größter Feind mein eigenes Ego war. Ich dachte immer, ich hätte das im Griff gehabt, aber es war eher umgekehrt: Mein Ego hatte mich im Griff.

Auf der Suche nach mir selbst kam ich immer näher an den Punkt, mich mit dem Thema »Ego« intensiver zu beschäftigen, und je tiefer ich hinein tauchte, desto mehr spürte ich die Möglichkeiten, die ich daraus schöpfen konnte.

Das Ego - dein Feind?!

»Ego« ist ein Begriff, der in der (spirituellen) Literatur synonym zum Begriff »Selbstbild« verwendet wird. Meine Erfahrung zeigt, dass Menschen erst dann »erwachsen« geworden sind, wenn sie sich vollends von ihrem Ego entkoppelt haben.

Früher dachte ich immer, ich müsse äußerlichen Erscheinungsformen nachlaufen, wie etwa dem Sportwagen, dem Haus oder der teuren Uhr am Handgelenk. Ich dachte, dass ich »angekommen« sei, wenn ich diese Dinge besitzen würde. Dann erhalte ich die Aufmerksamkeit, Wertschätzung und Bedeutung von außen, die ich verdiene. Dann wäre ich wirklich »ICH selbst« und endlich angekommen. Pustekuchen - so funktionieren universelle Gesetze nicht. Harte Arbeit an und mit mir selbst war angesagt, um immer mehr die Befreiung von der Last der Außenwelt zu spüren.

Die Erkenntnis darüber, dass ein Leben ohne Masken und in Unabhängigkeit von äußeren Beurteilungen und Bewertungen eine enorme Steigerung der Lebensqualität bedeutet, hat mich unvorstellbar befreit, von all dem Druck und Ballast, den ich mir über Jahrzehnte selbst aufgebürdet habe.

Mein Selbstbild hing vor dieser Erkenntnis sprichwörtlich schief.

Das Problem am Selbstbild ist dabei Folgendes: Egal, welches Selbstbild du von dir hast – es ist immer eine Illusion. Das bist nicht du! Dein Name, dein Titel, dein Job, deine Umgebung, deine Gedanken – das bist nicht du. Es sind nur Eindrücke aus der externen Welt, die du zu deinem Selbstbild zusammengebastelt hast. Dieses Ego hat nichts mit deiner wahren Natur zu tun.

Das hört sich jetzt vielleicht im ersten Moment ein bisschen verwirrend an, ist aber in Wirklichkeit ziemlich einfach:

Wenn man vom Ego spricht, meint man damit das Bild, das du selbst von dir hast. Oder anders gesagt: Wer du selbst denkst, der du bist.

Dieses Bild (= Ego), das du von dir selbst hast, bestimmt wesentlich:

- wie du dich verhältst
- wie du dich fühlst
- und welchen Status und Selbstwert du dir zuschreibst.

Wenn du dich zum Beispiel selbst als wenig selbstbewusst und ängstlich ansiehst, dann wirst du dich genauso nach außen verhalten. Wenn du ein starkes Selbstbild (man würde auch sagen, ein »starkes Ego«) hast, wirst du dementsprechend handeln.

Es ergibt also Sinn, ein möglichst starkes und positives Selbstbild von sich selbst zu haben, wenn man ein glückliches und erfolgreiches Leben führen will. Doch woher bekommt man dieses positive Selbstbild? Ist es angeboren oder lässt sich es jederzeit verändern?

Wie entwickelt sich das Ego?

Wir kommen alle ohne Ego auf die Welt. Als kleines Kind haben wir keine Vorstellung davon, wer wir sind. Kleinkinder reden oft von sich selbst in der dritten Person, also zum Beispiel »Anna hat Hunger« anstatt »Ich habe Hunger«. Kinder können nicht zwischen sich selbst und anderen Menschen unterscheiden. In den Augen des Kindes ist die vor ihr stehende Person und es selber eins; es gibt keine Trennung in zwei separate Teile.

Im Laufe der Entwicklung, geprägt durch die Konditionierungen seiner Umwelt, entwickelt das Kind ein Selbstbild, ein »Ego«. Die Eltern nennen es »Anna« und so glaubt das Kind, es sei »Anna«. Dabei hätte der Name auch Erika, Bärbel oder Franziska sein können. Der Name an sich ist schon Fiktion und trotzdem verfestigt sich diese Verbindung immer mehr.

Dann kommen die Eltern und sagen: »Du kannst dieses gut und jenes nicht so gut, bist technisch begabt und sprachlich untalentiert, du bist x und y und z.« Das Kind nimmt diese Eindrücke auf und bastelt sich daraus eine Vorstellung von sich selber, die häufig an dem vorbei geht, was die Realität ist. Wahr ist nämlich, dass niemand weiß, worin du gut bist, was du kannst und was nicht. Verwirf deshalb alles, was dir andere Leute jemals eingeredet haben. Das alles bist nicht du. Nur du selbst weißt, wer du wirklich bist. Ich für meinen Teil habe erkannt, dass ich kein »Betriebswirt« oder »Versicherungsfachmann« und schon gar kein »Handwerker«

bin, sondern mich vielmehr zu Spiritualität und Psychologie hingezogen fühle und in meiner Arbeit Bestimmungscoach für andere
Menschen aufgehe.

Diese Konditionierungen und Einflüsse gehen über das Kindesal-
ter hinaus immer weiter. Das Ego steht deiner Erfüllung im Weg,
und warum das so ist, hat bei jedem Menschen unterschiedliche
Gründe und steht immer im veränderten Kontext zueinander.
Wenn also dein Ego das Sagen hat, dann wirst du dich auf ewig
gebremst fühlen, weil du auf ewig in der Spirale festhängen wirst,
dass du erst irgendwo »ankommen« musst - wir haben das vorhin
bereits besprochen. Fast alle Menschen wachsen so auf, dass sie
sich mit ihrem Ego identifizieren. Ob es der eigene Name ist, die
Körpergröße, die eigene Schönheit oder eben dann später der Beruf oder der Kontostand; viele Menschen, die glauben glücklich
zu sein, machen das in Wahrheit von ihrem eigenen Ego abhängig.
Alle diese Erscheinungsformen, hinter denen ich mich verkrochen
habe, waren genau das: Formen und Ausprägungen meines Egos.

Es gibt diese Weisheit darüber, dass wir von dem Geld, das wir
nicht haben, Dinge kaufen, die wir nicht brauchen, um Leuten zu
imponieren, die wir nicht mögen. Alles aus »Ego-Gründen«.

Das Ego ist aus einer Not heraus entstanden, als Schutzmechanis-
mus. Als wir klein waren, sind wir alle irgendwann Situationen ausgesetzt gewesen, die uns weh getan haben, die unseren emotionalen
Panzer durchbrochen haben. Bei dem einen war das die Trennung
von der eigenen Mutter im Krankenhaus bei einer Operation als
Baby, für den anderen die Scheidung der Eltern im Kleinkindalter
oder als Jugendlicher, bei wieder anderen war es ein Unfall auf dem
Spielplatz oder schlimmstenfalls ein körperlicher Missbrauch.

All diese Erfahrungen haben uns entsprechend geprägt und geformt, sodass man tagtäglich ein Leben mit Maske führt.

Jeden Tag aufs Neue lebt man dieses falsche Selbst. Man baut sich dadurch über die Zeit seinen eigenen Rahmen (basierend auf dem Bild, das man von sich selber hat) und kann sich letztendlich nur in diesem Rahmen bewegen.

Beispiel: Jemand hat dir mal irgendwann gesagt (oder sonst wie unterbewusst mitgeteilt), dass du schüchtern oder dumm bist. Du hast diese Nachricht aufgenommen und in dein Selbstbild eingebaut. Du agierst nun deinem Selbstbild entsprechend, bewegst dich in diesem fiktiven Rahmen, den du dir aufgebaut hast und kannst nicht anders handeln und aus dem Rahmen ausbrechen.

Das Problem mit dem Ego

Dieses Ego, dieses falsche Selbst, diese Illusion von dir hält dich also zurück, dich und dein volles Potential zu entfalten. Viele lassen sich dadurch auf den Weg zu ihrer wahren Bestimmung ausbremsen und führen somit weit unter ihren Möglichkeiten ein Leben zweiter Wahl. Es bildet den Rahmen der Möglichkeiten und steckt das Spielfeld ab, auf dem du in deinem Leben spielst. Und nicht nur das: Zusätzlich hält es dich gefangen in deiner Rolle, die du spielst.

Noch mal kurz zur Erklärung: Dein Ego ist dein Selbstbild, welches du entwickelt hast, indem du dich mit deiner Rolle identifizierst: Mit deiner Umgebung, deinem Titel, dem, was andere Leute über dich sagen oder deinem Job…

Anstatt zu sagen:

* »ich mache diesen Job«
* »ich habe diesen Titel«
* »ich handle nicht selbstbewusst«

sagst du:

* »ich bin dieser Job«
* »ich bin dieser Titel«
* »ich bin nicht selbstbewusst«

Siehst du den Unterschied?

Durch die Identifikation mit diesen Dingen baust du dir ein falsches Selbst auf. Du sagst: »Ich bin ein Rocker, ein Banker, ein Taugenichts, ein Emo, ein Angsthase, ein so-und-so…«, und baust dir Stück für Stück eine Schale um dein wahres Sein. Es entsteht ein weiteres Problem: Du – oder vielmehr dein Ego – fühlt sich sofort angegriffen, wenn jemand durch diese falsche Schale durchdringen will. Noch ein Beispiel aus der Praxis: Weise mal einen Rocker darauf hin, dass er »innen drin« eigentlich total verunsichert und sanft ist. Er wird dir vermutlich gleich eins »auf die Mütze« geben, weil er so lange daran gearbeitet hat, den Schein des »harten Mackers« zu wahren - und dann kommst du daher und deckst sein wahres Sein auf.

Das Ego kann dir das Leben schwer machen. Du wirst so lange in deinem limitierenden Selbstbild gefangen sein, bis du dich endlich davon ablösen kannst.

Ist es möglich, das Ego zu »überwinden«?

Stell dir mal vor, du könntest diese Illusion von dir selbst einfach fallen lassen und frei entscheiden, wie und wer du sein willst. Das wäre der Weg zu ultimativer Freiheit. Außerdem könnte uns niemand mehr etwas anhaben, weil es nichts mehr gibt, das verletzt werden könnte (wenn du kein starres Selbstbild, also kein Ego mehr hast, kann dich niemand mehr angreifen; es gibt nichts mehr, was angegriffen werden könnte). Das wäre dann der optimale Zustand, den es zu erreichen gilt.

Es ist nun so, dass das nicht ganz einfach ist. Wenn dem so wäre, würden wir alle fröhlich durch die Gegend hüpfen, und jeder hätte nur noch das Selbst, das er sich wünscht. Das Ego komplett aufzulösen, schaffst du nicht von heut auf morgen.

Was du jedoch machen kannst: Eigne dir ein flüssigeres Selbstbild an.

Das ist der erste Schritt. Du versuchst, dein Selbstbild von »starr« zu »flüssig« zu transformieren. Danach ist es leichter, es komplett gehen zu lassen. Versuche, dein starres Selbstbild an der ein oder anderen Ecke anzubrechen, und es für neue Möglichkeiten zu öffnen. Du verlässt bewusst deine Rolle und dein begrenzendes »Spielfeld«.

Ein praktisches Beispiel dazu: Wenn dein Selbstbild Probleme hat, auf andere Menschen zuzugehen, dann darfst du versuchen, dieses Selbstbild aufzubrechen, um neue Handlungsmöglichkeiten zuzulassen. Du musst diesen rigiden Rahmen aufweichen, damit du die Möglichkeit hast, auf andere Menschen zuzugehen. Du musst dir die Vision vor dein geistiges Auge stellen; das allein ist bereits ein großer Fortschritt, denn bevor du etwas nicht in deinem geistigen

Auge »sehen« kannst, kannst du es auch nicht im realen Leben tun. Praktisch heißt das: Gehe raus und setze dich aktiv neuen Eindrücken, neuen Umgebungen und neuen Situationen aus. Sei offen dabei. Du musst versuchen, die Möglichkeit zuzulassen, dass etwas passiert, was deinem derzeitigen Selbstbild nicht entspricht. Dein Ego wird sich wahrscheinlich dagegen sträuben, weil es sich nicht verändern will. Es will gerne so bleiben, wie es bisher war. Du musst es aktiv forcieren, auch wenn du Angst davor hast. Du musst aktiv rausgehen und dir sagen: »Ich weiche mein Selbstbild auf und agiere außerhalb meiner Rolle. Ich tue etwas, das nicht ‚mir' (meinem Selbstbild) entspricht. Ich strebe nach einem Leben ohne Maske.«

Eine andere Methode, das Ego aufzulösen, ist das Meditieren.

Bei der Meditation lässt du dein Selbstbild nach und nach los. Du konzentrierst dich ganz auf dich, deinen Körper und deine Atmung. Alle deine Konditionierungen, die Meinungen der Eltern und Freunde, das, was Lehrer oder Mitarbeiter dir ständig einbläuen wollen, fällt dabei nach und nach von dir ab. Dieses Selbstbild, welches du dir über die Jahre hinweg angeeignet hast, und was nichts anderes als eine Täuschung ist, löst sich auf.

Je regelmäßiger du meditierst, umso mehr wirst du zu dir selber und zu deiner wahren Natur finden.

Zusammenfassung: Die Bedeutung des Egos

Das Konzept des Egos zu verstehen, ist komplex.

In wenigen Punkten zusammengefasst:

- Dein Ego ist dein falsches Selbst. Es ist eine Illusion, die du dir in deinem Kopf zusammengebaut hast.
- Du führst ein Leben mit Maske, entgegen deinem wahren Ich
- Du handelst immer deinem Ego entsprechend.
- Je größer und starrer dein Ego ist, desto schneller fühlst du dich angegriffen und verletzt, und umso weniger Möglichkeiten hast du, aus diesem Rahmen auszubrechen und etwas zu tun, was nicht diesem Selbstbild entspricht.
- Die Lösung besteht darin, das Selbstbild flüssiger zu machen, es aufzubrechen und neue Handlungsmöglichkeiten zuzulassen.
- Das machst du, indem du deine Komfortzone verlässt und Dinge tust, die den Rahmen sprengen und nicht deinem derzeitigen Selbstbild entsprechen.

Je flüssiger dein Selbstbild wird, umso mehr Möglichkeiten hast du, dich zu entwickeln.

Und genau das verändert dein Leben. Das hat mein Leben verändert, und es wird auch dein Leben verändern können. In dem Augenblick, in dem du anfängst zu merken, wer du eigentlich wirklich bist, unabhängig vom Ego, wirst du ein völlig anderer, völlig neuer Mensch sein können. Näher an deinen Zielen, näher an dem, wonach du dich sehnst.

Es geht nicht darum, zu kämpfen, sondern darum, Kontrolle zu erlangen. Um das zu schaffen, musst du die Zusammenhänge verstehen. Den Grundstein haben wir mit diesem Kapitel gelegt. Jetzt geht es ans Handeln. Damit du besser früher als später spürst, welch' ungeheure Antriebskraft es hat, wenn du in Fülle, Liebe, und Vertrauen aufgehst.

Und vielleicht kannst du dein Ego am Ende ja sogar ganz gehen lassen und damit die totale Freiheit gewinnen.

Dann bist du *angekommen*. Das ist das ultimative Ziel.

Wie du limitierende Glaubenssätze über dich selbst loslassen und ein starkes Selbstbild aufbauen kannst, das dir jeden Tag aufs Neue massiv Energie und Selbstvertrauen geben wird, zeige ich dir in meinem Coachingprogramm »Komm zur Be-SINN-ung«. Wir knacken darin alle tiefsitzenden Blockaden und Widerstände, um in den »Flow Of Life« zu kommen.

Glaube
Begeisterung
Mut

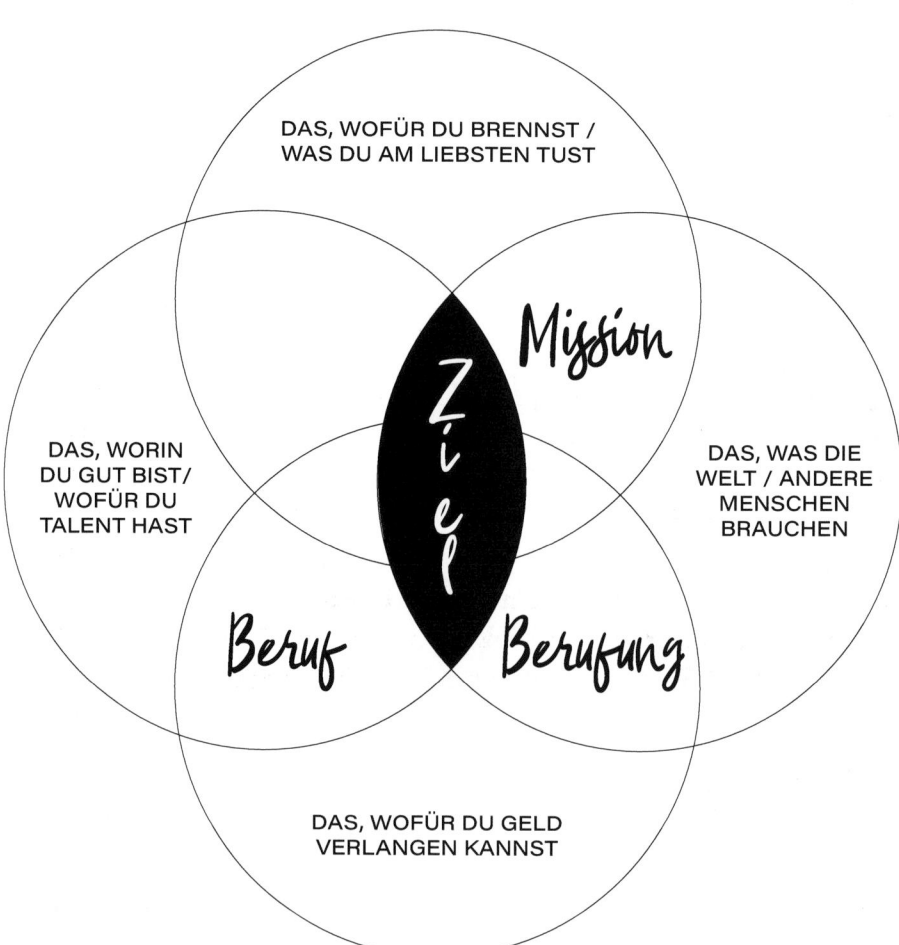

Kapitel 9
Die Acht-Schritte-Formel

»Wir alle schreiten durch die Gasse,
aber einige wenige blicken zu den Sternen auf.«

(Oscar Wilde)

Das Wunderbare an der Bestimmung ist, dass sie nicht erst »ins Leben geholt« werden muss; sie ist bereits da und in dir angelegt. Wir müssen nichts erfinden oder erdichten, wir müssen auch keine zahlreichen Bücher lesen; jetzt gerade in diesem Augenblick fließt deine Bestimmung durch jede deiner Zellen. Du musst die Verbindung zu dieser großen, hohen Intelligenz wieder aufnehmen, in deinem eigenen, inneren Kern. Diese Herzensintelligenz ist immer da, spricht immer zu dir, ist deine innere Stimme, die im Verlauf der letzten Jahrzehnte nur leider immer leiser und unhörbarer geworden ist, weil so viel »Fernsehballast«, eine Unmenge negativer Einflüsse und viele unterdrückende Gefühle und Stimmungen auf sie eingewirkt haben. Es gab eine regelrechte Reizüberflutung, die die Verbindung zu ihr hat abschneiden lassen.

Werde du selbst die Person, die du dir von anderen wünschst, und gestalte deine eigene Realität nach deinen Vorstellungen, Wünschen und Zielen.

Lese dazu dieses Kapitel und nimm dir leere Blätter für Notizen zur Hand.

Jeder kennt die Lebensphasen, in denen man keinen blassen Schimmer hat, wohin es gehen soll. Was ist meine Lebensaufgabe, meine Berufung und Bestimmung? Hinzu kommt nicht selten ein quälendes und zermürbendes Gefühl, weil wir uns selbst unter Druck setzen und den Zustand des Nichtwissens verfluchen. Wir können gegenwärtig das Risiko nicht sachlich einschätzen. Angst und Zweifel machen sich breit und lähmen letztendlich den Prozess, die klare Entscheidung für Veränderung und Neuanfang zu treffen. Gerade diese Begleiterscheinungen machen das Leben im Veränderungsprozess unangenehm.

Im Folgenden habe ich acht Punkte zusammengestellt, die dich auf deinem Weg zu deiner Bestimmung weiterbringen können. Diese acht Schritte haben mir in meinem Leben sehr geholfen.

Diese Acht-Schritte-Formel, liefert dir am Ende einen eindeutigen Satz zu deiner Bestimmung, auch wenn dieser anfangs noch unpräzise und nicht konkret ausformuliert ist, so bist du doch auf dem richtigen Weg und kannst schon erahnen, wohin dich dein Weg führen wird. Du kannst diese Übung im Selbstcoachingverfahren mit dir allein durchführen, oder du suchst dir eine/n Partner/in, der/die dir die Fragen stellt.

Es sind acht Schritte, um seine Bestimmung zu finden.

● 1. EMOTIONALER CHECK & RUHE

Zuerst darfst du mit absoluter Aufrichtigkeit auf dein Leben schauen.

- Wo stehe ich gerade?
- Was mag ich?
- Was mag ich nicht mehr?

Fahre an einen Ort der Stille, der dir gute Energie bringt, um dein Leben zu reflektieren.

- Wohin steuere ich?
- Wo werde ich ankommen (Frust, Scheidung, Krankheit), wenn ich diesen Weg unbeirrt fortsetze?

Das Leben ist frustrierend, wenn wir keinen Plan haben. Vielleicht bist du jetzt genau in dieser Situation, um zu lernen, nichts zu tun. Zu der Erfahrung des Menschseins gehört nicht nur das Tun, sondern auch das Nicht-Tun. Wie gut bist du im Aushalten der Stille, ohne jegliche Ablenkung und Erwartung?

Henry Ford sagte mal: »Wer täglich acht Stunden arbeitet, hat keine Zeit, um Geld zu verdienen.«

Er hatte absolut Recht. Wir verwässern unser wahres Wesen durch unseren täglichen Sprint im Hamsterrad, die Abläufe zu Hause und danach auf der Arbeit, um uns anschließend mit TV-Shows abzulenken.

Wir sind gefangen im Alltagstrott, ständig von uns selbst abgelenkt und haben keine Zeit, uns zu reflektieren und die »richtigen« Fragen zu stellen. Das ist auch nicht erwünscht; das Individuum soll möglichst »normal« und nach Standard funktionieren, seine Arbeitskraft zur Verfügung stellen, sich möglichst viel über äußere Dinge beschweren und bei Erkrankungen »optimal« durch die Pharmaindustrie versorgt werden. Glücklicherweise findet gerade ein Umbruch statt und die Menschen befassen sich wieder mit sich selbst und spüren das Verlangen in sich, nach Verbindung mit der Natur und die wunderbaren Möglichkeiten, die damit einhergehen. Wir sind und bleiben ein Teil der Natur.

Wir sind nicht getrennt davon, auch wenn wir uns zivilisiert nennen.

Mein Tipp: Geh alleine in den Wald oder an einen Ort, an dem dich kein Mensch finden kann. Setz dich auf den Boden und bleibe dort für einige Stunden; nur du, der Wald, seine Bewohner und die natürliche Stille. Nimm wahr, was ist: die Atmosphäre des Seins im augenblicklichen Moment. Beobachte deine Gefühle. Wie fühlt es sich an, einfach nur zu sein? Gibt es Stimmen oder Gefühle in dir, die für Unruhe und Hast sorgen? Nimm sie wahr, beobachte sie, fühle sie und versuche dich mit ihnen anzufreunden. Alles, was du zu deinem Freund machst, wird dir nicht mehr hinderlich sein. So darfst du auch in diesem Moment sein, ohne zu wissen, wohin es gehen soll. Vertraue darauf, dass das Leben dir zur rechten Zeit die richtigen Signale senden wird. Habe also Geduld.

Wenn ich etwas verändern will, muss ich es erstmal annehmen. Das bedeutet, dass ich meine aktuelle Situation des Nicht-Wissens annehmen darf. Erst wenn ich mich mit ihr angefreundet habe, kann ich sie effektiv nutzen, um meinem Lebensziel und der Bestimmung näher zu kommen.

Akzeptiere den Zustand, wie er ist.

Jetzt geh' weiter zurück in dein vergangenes Leben.

In deiner Biografie finden sich zahlreiche Hinweise auf deine Bestimmung. Es lohnt sich, ein paar Rückblicke in die frühe Lebensphase zu tätigen und sich mit deinen Wünschen, Vorbildern und Talenten aus der Vergangenheit zu beschäftigen.

Folgende Fragen kannst du dir dazu stellen:

- Was ist mir bereits als Kind sehr leichtgefallen?
- Welchen Berufswunsch hatte ich zu Beginn meiner Schulzeit, und welchen in der Pubertät?
- Welche positiven Prophezeiungen oder Voraussagen von Verwandten, Lehrern, Freunden etc. kenne ich noch aus meiner Geschichte?
- Welche Vorbilder oder Mentoren (Menschen, Filmfiguren, Romanhelden et cetera) waren für mich wichtig und prägend?
- Welche »geliebte, aber nicht gelebte«, welche gewünschte Vision, welcher Traum lebt in mir aus dieser Zeit und drängt nach Verwirklichung?
- Gab es eine Überraschung bei der Beantwortung der Fragen? Was ist für dich neu? Wo gibt es Übereinstimmungen mit deinem heutigen Lebensinhalt? Halte deine gewonnenen Erkenntnisse schriftlich fest.

➡ 2. DIE BOTSCHAFT DER GEFÜHLE

Welcher Handlungsaufruf lässt sich aus diesen Feststellungen ableiten?

Wozu möchte mich dieser Lebensschmerz aufrufen bzw. aufwecken?

Was kann die positive Absicht des Lebens sein, warum hat es mich in diese Situation verschlagen?

Ich weiß, dass das Leben immer für uns ist.
Das Leben will uns nicht bestrafen, es will uns fördern, uns zum

Wachstum anregen.

Was wäre unter diesem Gesichtspunkt der nächste logische Schritt?

Schalte den Kopf aus und das Herz an.

Sei mutig und folge dem Ruf deines Herzens.

Entspann dich dabei so gut wie möglich und vertraue dem Fluss des Lebens. Dies gelingt dir mit Meditation oder anderen Entspannungstechniken am besten. Sei auch hier wieder neugierig und offen für neue Erfahrungen.

Ich persönlich meditiere nun schon seit über drei Jahren. Die Meditation ist eine der wertvollsten Praktiken, die mir das Leben zur Selbstfindung geschenkt hat. Die Meditation stärkt die Verbindung zu uns selbst und zu unserem Leben. Wenn ich nicht wirklich bei mir selbst bin, wenn ich keinen Durchblick in meinem Kopf habe und von wirren Gedanken herum gescheucht werde, dann verdeutlicht mir das, dass ich meine Meditation vernachlässigt habe. Wenn du also mehr Klarheit und Durchblick in deinem Leben haben willst, schnuppere einmal in einen Meditationskurs hinein, oder lass dich von mir in einer persönlichen Coachingsession in dieses für dich unbekannte Gebiet einführen.

Wer Meditation und Bewegung vereinen möchte, kann sich Tai-Chi, Qigong oder Yoga anschauen.

Für das Meditieren musst du dich nicht in eine »komplizierte Sitzhaltung« begeben. Es reicht, wenn du dich aufrecht auf einen Stuhl setzt und deine volle Aufmerksamkeit auf deinen Atem lenkst. Bemerkst du, wie du von Gedanken abgelenkt wirst, kehrst du immer wieder zu deinem Atem zurück. Du beobachtest das Ein- und Ausströmen der Luft, wie auch die Ein- und Ausdehnungen deines Brustkorbes und Bauches. Es reicht schon eine Minute. Dies kannst du nach Lust und Laune wiederholen, zum Beispiel auch, wenn du in der Einkaufsschlange stehst oder auf den Zug wartest.

Durch Meditation wirst du ruhiger und gelassener, kreativer und konzentrierter; dein Immunsystem wird gestärkt. Die Meditation kann dir eine sehr große Hilfe sein, den Weg in deinem Leben durch die entstehende Gedankenruhe sehen zu können.

Immer dann, wenn du verkrampft über eine Lösung grübelst, ist der Kanal der Kreativität verstopft. Kreativität, die dir bei der Aufgaben- und Sinnsuche helfen kann, kommt in den Momenten, in denen du beginnst loszulassen, und dich von jeglichem Druck befreist.

Versuche nicht etwas zu erzwingen, sondern öffne dich für den Fluss des Lebens.

Lasse dich leiten von deinem Bauchgefühl. Dieses wirst du immer besser hören und verstehen lernen, je weniger du grübelst. Das bedeutet nicht, dass du deinen Kopf gar nicht mehr einsetzen sollst! Meist ist es so, dass wir ein (Bauch-)Gefühl dafür haben, was wir als Nächstes tun sollten.

Dann brauchen wir den Kopf nur noch dafür, um unser Vorhaben zu strukturieren, zu planen und schlussendlich umzusetzen.

● 3. VERBORGENEN TALENTEN AUF DER SPUR

Talente im Sinne von Begabungen zeichnen sich meist dadurch aus, dass dir das, was du tust, auf natürliche Weise leichtfällt. Am einfachsten lässt sich das im Sport, in der Kunst, der Musik oder der Literatur nachvollziehen. Doch es gibt auch praktische Begabungen, wie beispielsweise das Organisationstalent. Ein Talent hat eine Struktur, die kontextübergreifend wirksam ist, das heißt, es kommt in unterschiedlichen Situationen zum Tragen. Ein Beispiel dafür ist das Talent, besonders gut zuhören zu können, sodass sich andere Menschen einem gerne anvertrauen.

Deine persönlichen Talente bekommst Du heraus, indem Du Dir folgende Fragen stellst:

*   Was macht mir »sinnloserweise« Spaß?
*   Was schätzen Andere an mir?
*   Wofür erfahre ich Anerkennung und Wertschätzung?
*   Welche Tätigkeit motiviert mich auf natürliche Weise?
*   Was habe ich lange genug geübt und gelernt, sodass es mir heute leichtfällt?
*   Welche Talente habe ich durch überstandene Krisen erfahren?

Schaue noch einmal bei deinen Erkenntnissen zum ersten Punkt, in deiner Biografie, nach. Welches schlummernde Talent hast du aus deinen Kinder- und Jugendtagen?

Wenn du nicht weißt, was deinem Herzen eine solche Freude bereiten könnte, dann mache dich gezielt auf die Suche danach. Auch für dich gibt es auf dieser Welt noch viel zu erleben. Erkundige dich bei deiner Volkshochschule nach Kursen, die dich interessieren, und besuche Weiterbildungsangebote. Frage dich, was du früher gerne gemacht hast, und knüpfe daran an. Probiere einfach etwas aus, von dem du denkst, dass es dir Freude machen könnte.

Hier noch eine weitere Möglichkeit mehr über seine Talente zu erfahren: Differenziere dein Handeln und deine Tätigkeiten in »strengt mich an« und »fällt mir sehr leicht«.

»Fällt mir sehr leicht«-Tätigkeiten geben einen Hinweis auf unbewusste Talente.

Sammle zunächst so viele Talente wie möglich. Vergib anschließend »Gewichtungspunkte«. Mit welchen drei Talenten kannst du dich am stärksten identifizieren?

➡ 4. WIDERSTÄNDE ANALYSIEREN

- Was hat mich bis jetzt vom Handeln abgehalten?
- Welche Hindernisse sind da, beziehungsweise sehe ich mit meiner Brille auf die Welt?

Äußere Widerstände, wie etwa der Partner, der Chef oder die Familie… innere Widerstände wie Zweifel, Ängste, selbstsabotierende Muster oder negative Glaubenssätze…

Die Erkenntnis daraus sollte sein: »Nur, weil ich mir neue Ziele setze, werden diese äußeren und inneren Hindernisse nicht einfach verschwinden. Damit muss ich mich genauso bewusst auseinandersetzen und sollte keine Ausreden diesbezüglich zulassen.«

Unser Körper, Geist und Seele freuen sich unheimlich über Herausforderungen. Um unser Kreativitätspotenzial aufrechtzuerhalten, sollten wir sie ständig in Bewegung halten und ihnen Herausforderungen geben. Dies tun wir, indem wir unsere verschiedenen Sinne trainieren, unsere Fähigkeiten ausbauen und Neues lernen.

Schaue also, dass du ständig ein paar Hobbys hast, die dir Freude bereiten und dir etwas geben. Schaue, dass du als Mensch auf verschiedenen Ebenen herausgefordert wirst, um die verschiedenen Bereiche in deinem Gehirn zu aktivieren und zu trainieren.

➡ 5. LEIDENSCHAFT FINDEN

• Wozu bin ich hier?
• Was könnte mein Auftrag in dieser Welt sein, meine Bestimmung?

Du findest über deine Fähigkeiten und Leidenschaften, die Schnittmenge, um kreative Konzepte zu entwickeln, die dir Freude machen, und aus denen sich ein passendes Berufsbild entwerfen lässt.

Um herauszufinden, in welchem Bereich oder welchem Gebiet deine Bestimmung wirksam werden kann, empfiehlt es sich, einen »Ruheraum« zu betreten. Suche dir einen Ort, an dem du dich besonders wohl fühlst, der dich zum Träumen anregt. An diesem Ort gibt es kein »Ja, aber…«. Alles ist zugelassen, alles darf gedacht und aufgeschrieben werden. Räume dir 20 bis maximal 30 Minuten Zeit ein, deinen Ideen und Impulsen freien Lauf zu lassen. Stimme dich gut darauf ein, stelle dir einen Timer und achte darauf, dass du ungestört bist.

Sammle dann so viele Gebiete oder Bereiche, die dir intuitiv und spontan in den Sinn kommen, wie nur möglich. Wichtig ist, dass du ALLE Begriffe aufschreibst, die aus deinem Inneren heraus auftauchen. Bitte nicht bewerten und auslassen.

Nun wähle die drei Bereiche aus, die dir gefühlt am meisten zusagen.

Die Welt hat so viel zu bieten und du kannst als Mensch so viel ausprobieren.

Nutze deine Zeit auf der Erde sinnvoll und lerne viel von dem, was dich interessiert!

➡ 6. IDEALISIERUNG UND EMOTIONALISIERUNG DES OPTIMALEN LEBENSWEGES

Wenn Ansätze der Lebensidee gefunden sind, gilt es, diese immer fester in die eigene Persönlichkeit einzuschreiben. Jede Zelle deines Körpers muss diesen Weg spüren und lieben, das schafft man über die permanente geistige Ausrichtung auf dieses Ziel hin: Idealisierung!

Das optimale Bild der eigenen Zukunft, am besten alle Bereiche des Lebens mit beeinflussend, immer wieder auf die innere Leinwand zu zaubern, sollte eines deiner Zwischenziele sein.

Und dann: Emotionalisieren! Das Bild immer wieder mit Gefühl unterlegen, immer deutlicher eine neue Wahrheit in sich verankern und irgendwann einfach »wissen«, dass man es schaffen wird!

Das Gehirn kann nicht zwischen Wahrheit und Fiktion unterscheiden.

»Wünsche« (Gesetz der Anziehungskraft) dir Menschen, von denen du lernen kannst, und die für dich sinnvolle Begleiter deines Lebens sind. Du erkennst diese Menschen daran, dass du dich zu ihnen hingezogen fühlst, auch, wenn du es nicht logisch erklären kannst. Sei offen für diese Menschen und nutze die Gelegenheit, wenn sie in dein Leben treten.

Wahr ist, was ich meinem Gehirn dauerhaft als Wahrheit verkaufe.

Viel Spaß beim Ausprobieren!

➲ 7. KONDITIONIERUNG DER ERSTEN SCHRITTE

Packe den Stier bei den Hörnern und gehe reale Schritte in der echten Welt. Stelle die Idee auf den Prüfstand der Realität, und setze um, was du dir vorgenommen hast. Mach die ersten Auftritte als Witzerzähler oder schließ dich einer Rockband oder Theatergruppe an.

Damit wir auf unsere Lebensfragen kreative Antworten finden können, kann die Abwechslung ein hilfreicher Unterstützer sein. Nur wenn unser Wesen »in Fahrt« ist, finden wir clevere Ideen dafür, was wir als Nächstes machen möchten. Es kann also sinnvoll sein, nicht nur seine verschiedenen Sinne herauszufordern, sondern auch ständig Neues zu erleben. Besichtigungen, Ausstellungen, Konzerte, Seminare, Vorträge, Workshops, Kurse und Festivals bieten dafür abwechslungsreiche Möglichkeiten und kosten auch nicht immer (viel) Geld.

Die Entstehungsgeschichte einer jeden Vision: Du beginnst nebenbei mit dem, was dir Spaß und Freude macht. Du lernst dazu, entwickelst laufend neue Fähigkeiten und irgendwann gehst du ganz zu dem über was irgendwann mal als Hobby begonnen.
Es gibt ein Anzeichen dafür, ob wir unserem Sinn des Lebens folgen oder nicht. Dieses Anzeichen ist so einfach wie aussagekräftig:

Es ist unsere innere Freude, unsere tiefe Lebenslust und unser feuriger Enthusiasmus. Jedes Mal, wenn wir diese Freude spüren und wir uns denken, dass wir die Zeit nicht sinnvoller hätten verbringen können, haben wir etwas getan, dass zu unserem persönlichen Lebensweg gehört!

Dieses einfache Mittel ist der beste Wegweiser dafür, um unseren persönlichen Lebenssinn finden und leben zu können. Und wenn du jetzt nicht weißt, was deinem Herzen eine solche Freude bereiten könnte, dann begib dich ganz gezielt auf die Suche danach. Auch für dich gibt es auf dieser Welt noch viel zu erleben. Erkundige dich bei deiner Volkshochschule nach Kursen, die dich interessieren, und besuche Weiterbildungsangebote. Frage dich, was du früher gerne gemacht hast, und knüpfe daran an. Probiere aus, von dem du denkst, dass es dir Freude machen könnte.

➲ 8. BEGINNE ZU LIEBEN

Die Liebe ist die stärkste Kraft im Universum.

Erfahre deinen Lebenssinn, indem du lernst, das Leben zu lieben. Dir wird nur von den Dingen und Menschen etwas gegeben, die du liebst. Das Leben beginnt zuerst bei dir selbst. Schätze deinen Körper, mach dir selbst Komplimente, verneige dich vor deinem Spiegelbild, sei nett zu dir. Auch Selbstliebe will gelernt sein. Selbstliebe hat nichts mit Egoismus zu tun, denn aus der Liebe zu dir selbst hast du auf natürliche Weise das Bedürfnis, diese Liebe mit deiner Umwelt und deinen Mitmenschen zu teilen.

Wenn du eins werden willst mit dem Leben, dann beginne, alles zu lieben, was ist. Auch die Dinge, über die du dich aufregst, die dich runterziehen, gehören zum Leben dazu. Wie du damit umgehst, entscheidest du selbst. Du kannst dich darüber ärgern oder versuchen, auch diese Dinge und Menschen zu lieben, damit sie dir irgendwann diese Liebe widerspiegeln können.

Den Prozess habe ich selbst durchlaufen...

Ich selbst bin das beste Beispiel dafür, dass es gelingt. Denn auch ich war auf der Suche nach meiner Bestimmung und nach dem, was mich wirklich begeistert. Ich bin so vielfältig interessiert und die Vorstellung, nur einer einzigen Tätigkeit nachzukommen, erweckte bei mir unangenehme Gefühle. Die Folge war ein sehr »bewegter« Lebenslauf mit unterschiedlichen Tätigkeiten. Heute weiß ich, dass sie nicht nur für meinen Lern- und Erfahrungsprozess wichtig waren, sondern zum großen Teil auch schon meine Bestimmung beinhalteten. Der Weg in die Selbständigkeit war ein weiterer Schritt in die Richtung meiner Bestimmung, denn einer meiner wichtigsten Werte »Unabhängigkeit« findet sich darin wieder. Wenn ich in meinem Leben zurückblicke, waren diese acht Schritte die wichtigsten Punkte, um meine Bestimmung finden zu können. Es war ein teilweise harter Lehrgang, weil ich bis dahin den Sinn der Umstände nicht verstanden habe. Jetzt, im Nachhinein, hatte jede einzelne Situation sehr wohl ihren Sinn. Ich habe aus jedem Erlebnis eine Erfahrung für mein Leben gewinnen können. Mit dem Bewusstsein, dass das Leben eine Art »Spiel« ist, in dem wir uns ausprobieren können und uns weiterentwickeln sollen, fällt einem das Verstehen des Lebens wesentlich leichter.

Die oben genannten 8 Schritte werden dir dabei helfen können, deine Lebensaufgabe, Bestimmung und deinen persönlichen Lebenssinn zu finden. Welche Schritte kannst du (aus eigener Erfahrung) an dieser Stelle noch ergänzen? Es braucht Zeit, Geduld und Mut. Es sollte für dich jedoch keine Rolle spielen, wie lange es dauern wird, bis du deinen Sinn des Lebens erfährst. Es sollte dir ehrlich gesagt egal sein. Denn jeder Druck und jede Erwartung, die du an das Erreichen eines Ziels setzt, wird dich in deiner jetzigen Situation festhalten.

Ja - das ist ein komisches Gesetz. Aber das Leben lässt sich ebenso wenig (gern) unter Druck setzen, wie wir Menschen. Beginne dich und das Leben zu lieben. Teile mit, dass du jetzt den nächsten Schritt machen willst. Sprich mit dem Leben. Habe Geduld. Achte auf die Zeichen und habe den Mut zu handeln, wenn die Zeichen günstig stehen. Wenn dein Bauchgefühl sagt, du solltest etwas tun, dann vertraue darauf und habe den Mut, diesen Schritt zu gehen. Ich sage dir aus eigener Erfahrung, diese Überwindung der Angst zahlt sich doppelt und dreifach aus! Du wirst jetzt vielleicht noch keine Vorstellung davon haben, welches Lebensglück, welche Freude und welche Liebe für dich bereitstehen. Es liegt allein an dir, ob du diese empfangen möchtest. Erst, wenn du den bohrenden Schmerz nicht mehr ertragen kannst und dein Verlangen nach wahrhaftiger Liebe und Erkenntnis groß genug ist, wirst du den Mut aufbringen, deine Angst zu überwinden.

Du willst eine Abkürzung zum Ziel? Du willst das Risiko minimieren und Schritt für Schritt den Neustart angehen? Suche dir dafür einen erfahrenen Coach aus diesem Bereich, um schneller und ohne die vielen lästigen »Nebenwirkungen« an dein Ziel zu kommen. Außerdem erspart es dir viel Geld, Zeit und Energie für dein Herzensprojekt.

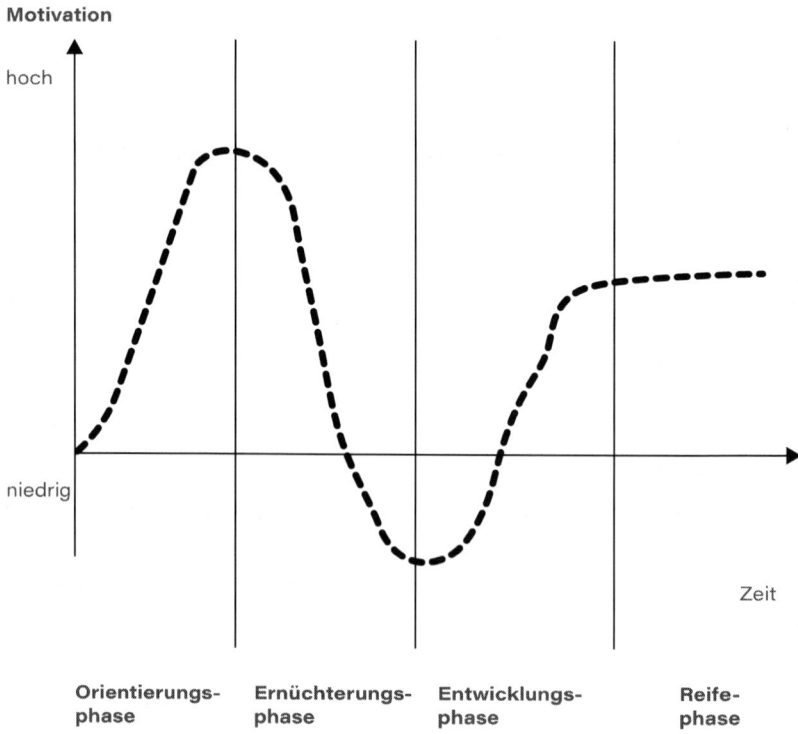

Kapitel 10
Umsetzung | Vorhaben in Ergebnisse umsetzen

Howard Earl Gardner, ein US-amerikanischer Professor für Kognition, Pädagogik und Psychologie an der renommierten Harvard University, sagte einst:

»Die meisten Menschen wissen, was sie tun sollten, sie tun aber nicht, was sie wissen.«

Er hat festgestellt, dass nur 10 % der Menschen mit ausreichend Umsetzungskompetenz auf die Welt kommen. Bei welchem Teil siehst du dich? Bei den 10 %, oder beim Rest?

Die gute Nachricht: Ein gewisser Professor Baumann der State University in Florida hat vor einigen Jahren festgestellt, dass man Umsetzungskraft trainieren kann, und dass es nur eine Frage des »richtigen« Trainings sei.
Diejenigen Menschen sind erfolgreich, die das Wissen nicht nur ansammeln, sondern auch umsetzen, also eine Umsetzungskompetenz ausprägen. Sie laufen nicht nur von einem Seminar zum nächsten, als seien sie auf der Suche nach dem Heiligen Gral, sondern sie setzen das Gelernte konsequent um.
Erfolg lässt sich auf diese beiden Konzepte herunter brechen: Umsetzungsgeschwindigkeit und Konsequenz.

Wissen allein reicht nicht. Es gilt zu visualisieren, Gewohnheiten zu implizieren und mit kleinen Schritten zu beginnen; wichtig ist nur erstmal loszugehen.

Setze zum Beispiel eine handschriftliche Verpflichtungserklärung mit dir selbst auf. »Ich bin glücklich darüber und dankbar dafür, dass ich spätestens bis zum ....20... dies und jenes Ergebnis (gesundheitlich, finanziell, beruflich) erreicht habe.«

Setze das Ziel nicht zu weit in die Zukunft. Verpflichte dich zu etwas und sei für dich selbst verantwortlich.

Finde einen Coach oder Mentor. Schau dir das von den erfolgreichen Menschen ab; sie alle haben Menschen an ihrer Seite, welche die Optimierung bestimmter Lebensbereiche vorantreiben.

Ich habe aktuell auch einen Mentor, mit dem ich einmal wöchentlich meine Themen bespreche.

Ich habe über viele Jahre gelernt, dass es wichtig ist, sich mit jemandem auszutauschen und Rat zu holen, der bereits dort ist, wo ich hin möchte. Jedes Jahr nehme ich mir einen Mentor für ein bestimmtes Themenfeld. Das investierte Geld ist gut angelegt und zahlt sich doppelt und dreifach wieder aus.

Warum ist eine schnelle Umsetzung von Vorteil? Diese Frage möchte ich mit einer Gegenfrage beantworten: Wie viel Umsatz macht eine Idee? Welchen Nutzen Mehrwert bringt dir eine Idee?

Richtige Antwort: Keinen, null, gar nichts!

Die beste Investition ist die in dich selbst.

Solange aus der Idee kein Produkt geworden ist, hast du keinen Mehrwert davon.

Dietrich Mateschitz, Gründer von Red Bull, sagt dazu: »Wir machen Dinge, anstatt endlos darüber zu reden.« Mit diesem Grundsatz hat er nicht nur einen extrem erfolgreichen internationalen Getränkekonzern aufgebaut, sondern auch ein Medienimperium und jede Menge erfolgreicher Sportler und Sportteams. Was aber steckt hinter diesem Erfolgsrezept? Worauf muss man trotz aller Schnelligkeit noch achten und wie kann man Projekte und Ideen schnell realisieren?

Großen Unternehmen wird häufig nachgesagt, dass es viel zu lange dauere, bis eine Idee in die Phase der Umsetzung kommt. Viel zu behäbig sei der Entscheidungsprozess. Aber so geht es oftmals nicht nur großen Firmen, sondern eben auch »normalen« Menschen. Gerade in jungen Jahren hadert man mit wichtigen Entscheidungen.

»Schnelligkeit verursacht Fehler!« könnte ein Einwand sein.

Dazu ein paar Gedanken:
- Schnelle Umsetzung heißt nicht gleichzeitig, dass die Umsetzung schlampig ist. Natürlich gehört ein Projekt gut durchdacht und ordentlich geplant, aber …
- wenn du ewig planst und durchdenkst, heißt das auch nicht automatisch, dass keine Fehler passieren.
- Warum eigentlich Angst vor Fehlern haben? Fehler an sich sind nicht schlimm, nur wenn man auf Fehler nicht richtig reagiert oder sie wiederholt, werden sie zu einem Problem.
- Achte darauf, dass deine Idee gut geplant und durchdacht ist. Nimm dir genügend Zeit, betreibe aber keinen Perfektionismus.

Die Vorteile schneller Umsetzung

- Schnell von der Theorie zur Praxis zu gelangen bedeutet auch, schneller Feedback von Kunden, Konsumenten oder Menschen zu bekommen, die von dieser Idee betroffen sind.
- Auf dieses Feedback kann man wiederum schnell reagieren und Anpassungen durchführen. Anpassungen und neue Ideen, auf die man ohne Praxis, durch reines Nachdenken und Planen, nicht gekommen wäre.
- Aus diesem Grund wird dein Produkt, deine Idee oder deine Dienstleistung auf Praxistauglichkeit geprüft
- Es wird schneller gehen, weil du schneller Fortschritte machst. Das ist gleichbedeutend mit schnellerem und größerem Erfolg.

Von der Idee zur Umsetzung

Was braucht es, um von der Idee in eine schnelle Umsetzung zu kommen?

1. Notiere alle deine Ideen.
2. Filtere aus allen Ideen die beste und praktikabelste heraus.
3. Mach dir intensive Gedanken zur Umsetzung dieser Idee. Lass deiner Phantasie dabei freien Lauf. Du kannst das anhand von Mind-Maps realisieren.
4. Erstelle einen genauen Ablaufplan, also quasi eine Liste der nächsten Schritte. Genauer gesagt einen Plan der dich von der Idee, bis zur fertigen Umsetzung bringt.
5. Starte mit der Umsetzung.
6. Fertig!

Ganz egal, ob es sich um eine kleine oder um eine große Idee handelt; der Ablauf bleibt immer gleich.

Nun bist du dran!
Was sind deine Ideen? Hast du bereits mit der Umsetzung begonnen?

Hier sind die Erfolgsschritte für Glück, Erfolg und Erfüllung im Leben:

> Bewusstmachung.
> Entscheidung.
> Handeln.

Der dritte und letzte Faktor, das Handeln, kommt bei den meisten Menschen zu kurz. Damit verpufft gleichzeitig die Wirkung der ersten beiden Schritte.

Es gibt in meiner Branche ein ganz akutes Problem, das immer größer wird: Menschen »ertrinken« regelrecht in Wissen. Doch Wissen alleine reicht nicht.

Wenn du dir Zeit für die Bearbeitung nimmst und ein bisschen über das Geschriebene nachdenkst, gewinnst du neue Erkenntnisse und regst erste Veränderungsprozesse an.

Aber wenn du richtig mitmachst, wirst du die Erkenntnisse nicht nur auf Verstandesebene nachvollziehen, sondern auch auf der Gefühlsebene spüren können.

Das Internet öffnet für jeden Menschen ein unendlich großes Lexikon an Wissen. Menschen rennen zu etlichen Seminaren, unterschiedlichen Trainern und Coaches, um immer noch mehr Wissen anzuhäufen. Trotzdem sind viele weiterhin unzufrieden, in ihrem Trott gefangen, stagnieren oder fühlen sich verloren. Und das Schlimmste: Je mehr Wissen Menschen ansammeln, umso stärker wird ihre »Verkopfung«. Je verkopfter ein Mensch ist, desto stärker wird seine innere Zerrissenheit. Damit verliert er seine (innere) Klarheit, seinen Fokus und seine Energie. Weil die Gefühlsebene fehlt - Menschen fühlen nichts mehr.

Das ist meine größte Erkenntnis der letzten Zeit.

Aber wenn du richtig mitmachst, wirst du die Erkenntnisse nicht nur auf Verstandesebene nachvollziehen, sondern auch auf der Gefühlsebene spüren können. Du wirst tatsächlich merken, was es bedeutet, ein altes Verhalten abzuändern oder ein Neues zu erlernen.

Und ob du es mir jetzt glaubst oder nicht: Das macht einen riesigen Unterschied, der dir entgeht, wenn du einfach nur liest, ohne zu handeln.

Nicht reden, machen! Springen, denn das kalte Wasser wird nicht wärmer, wenn du später springst. Es ist nicht leicht, ins Handeln zu kommen. Es kostet Überwindung, den ersten Schritt zu machen. Schließlich ist der Mensch ein Gewohnheitstier. Und bisher hast du es anders gemacht.
Alles Neue ist ungewohnt, jagt uns Angst ein und ist beschwerlich.

Wenn du weiterhin das Gleiche machst, wird auch das Gleiche passieren.

Wenn du etwas Anderes möchtest, musst du etwas Anderes tun. Schon Einstein sagte, dass die Definition von Wahnsinn darin bestehe, immer das Gleiche zu tun, aber andere Ergebnisse zu erwarten.

Meine Empfehlung ist also: Komm ins Handeln!

Unter dem Motto »Wissen alleine reicht nicht« darf ich an dieser Stelle mein neues Coachingprogramm »Komm zur Be-SINN-ung« ankündigen. Das Programm verkörpert meine neuesten Erfolgsstrategien und funktioniert auf eine Weise, die es bisher so noch nicht gegeben hat.

Mehr möchte ich hier nicht verraten; wenn dich diese Zeilen oder sonst ein Aspekt in diesem Buch angesprochen hat, besuche gerne meine Website www.michael-schwarzkopf.com und schau dich um oder buche dir direkt einen Termin für ein kostenfreies und unverbindliches Coachinggespräch mit mir. Ich freue mich auf dich!

Nicht reden, machen! Nur so kommst du vom Lesen ins Tun.

Beenden möchte ich dieses Buch mit dem Satz, mit dem ich dieses Buch begonnen habe:

> »Welche Wege wir im Leben auch gehen, am Ende wollen wir alle nur eines, glücklich sein.«

Möge dieses Buch dir dabei helfen, dich auf den »richtigen« Weg zu machen, dein ganz persönliches Glück zu finden.

Dein *Michael Schwarzkopf*